·生物资源与利用丛书·

CAOYU DUI MIANPO DE LIYONG
JI QI FENZI JIZHI

草鱼对棉粕的利用及其分子机制

◎郑清梅　著

暨南大學出版社
JINAN UNIVERSITY PRESS

中国·广州

图书在版编目（CIP）数据

草鱼对棉粕的利用及其分子机制/郑清梅著．—广州：暨南大学出版社，2018.7
（生物资源与利用丛书）
ISBN 978－7－5668－2394－6

Ⅰ.①草…　Ⅱ.①郑…　Ⅲ.①草鱼—饵料—青绿饲料—水生饲料
Ⅳ.①S963.22

中国版本图书馆 CIP 数据核字（2018）第 112973 号

草鱼对棉粕的利用及其分子机制
CAOYU DUI MIANPO DE LIYONG JI QI FENZI JIZHI
著　者：郑清梅

出 版 人：徐义雄
策划编辑：李　艺
责任编辑：黄　颖
责任校对：刘雨婷
责任印制：汤慧君　周一丹

出版发行：暨南大学出版社（510630）
电　　话：总编室（8620）85221601
营销部（8620）85225284　85228291　85228292（邮购）
传　　真：（8620）85221583（办公室）　85223774（营销部）
网　　址：http://www.jnupress.com
排　　版：广州市天河星辰文化发展部照排中心
印　　刷：佛山市浩文彩色印刷有限公司
开　　本：787mm×960mm　1/16
印　　张：10.5
彩　　插：4
字　　数：178 千
版　　次：2018 年 7 月第 1 版
印　　次：2018 年 7 月第 1 次
定　　价：35.00 元

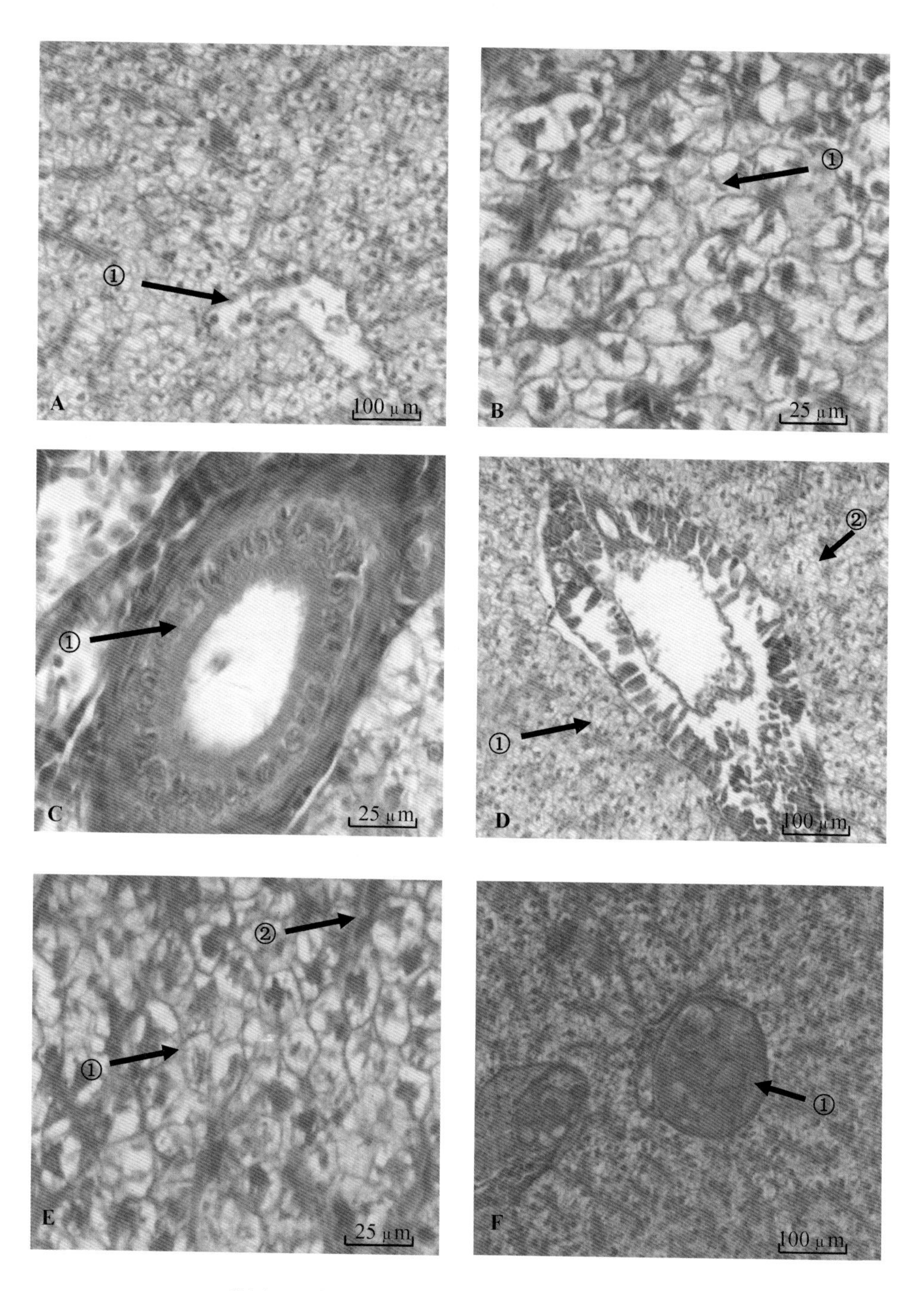

彩插 1　棉粕替代豆粕对草鱼肝胰脏组织的影响

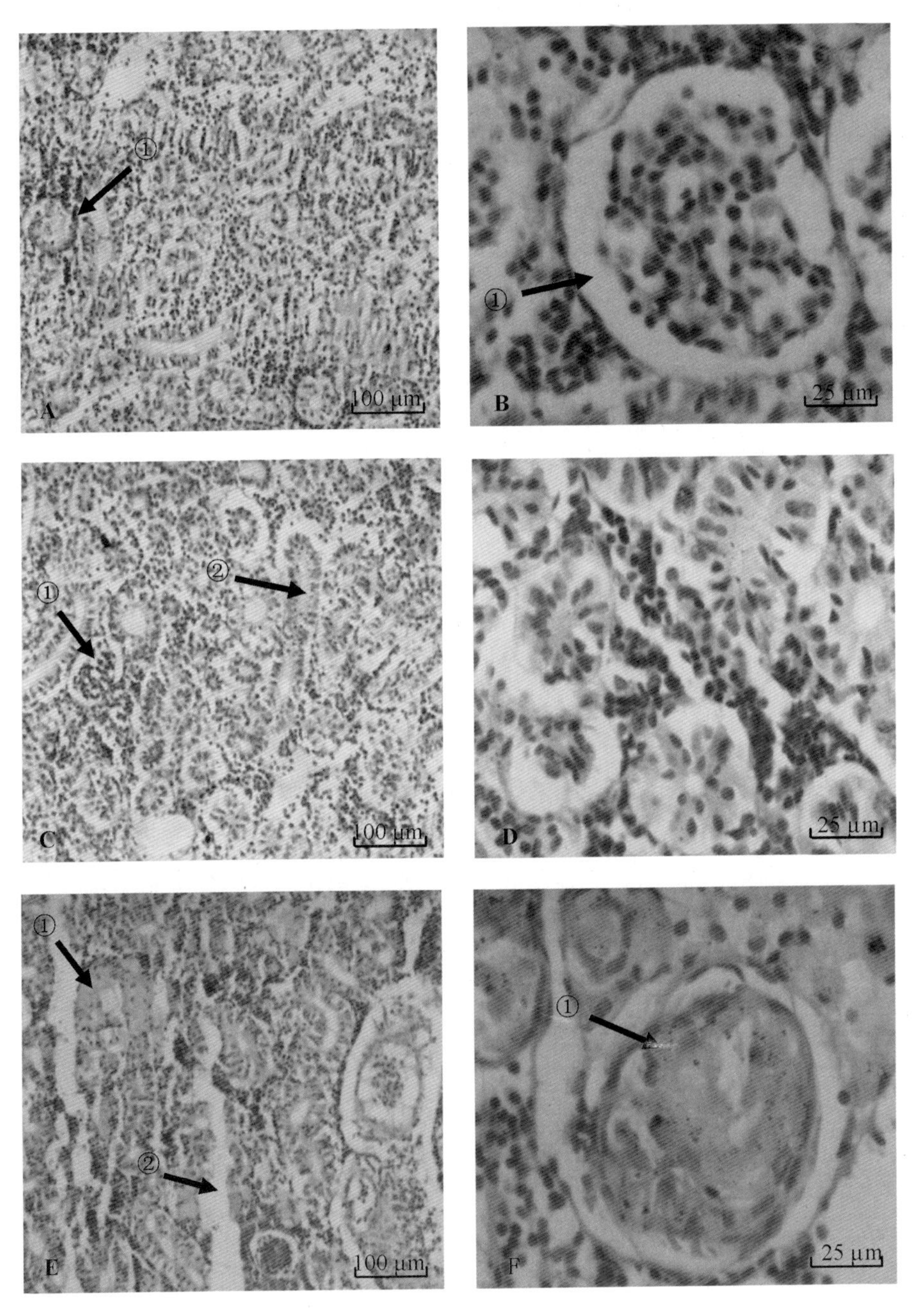

彩插 2　棉粕替代豆粕对草鱼肾脏组织的影响

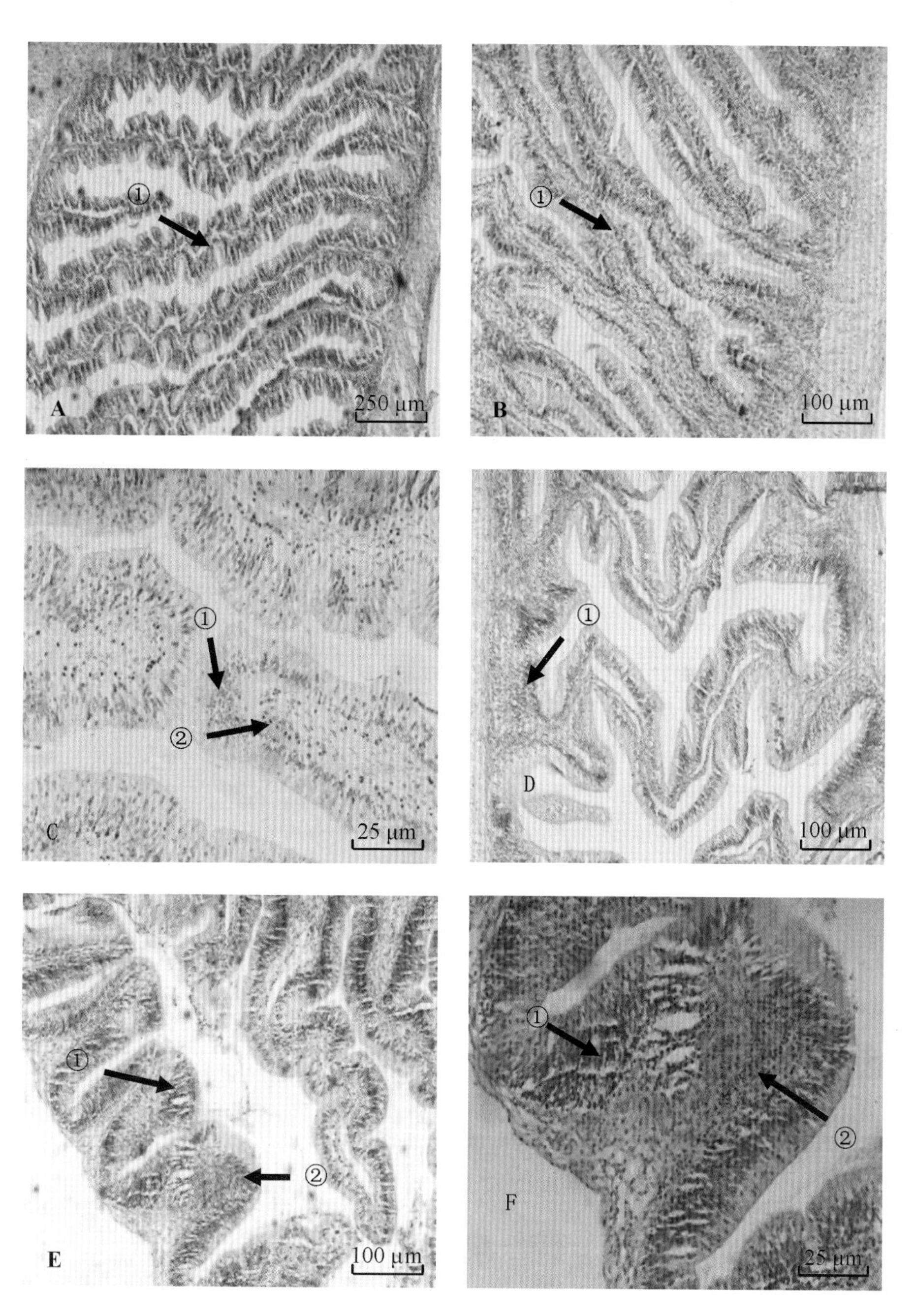

彩插 3　棉粕替代豆粕对草鱼肠道组织的影响

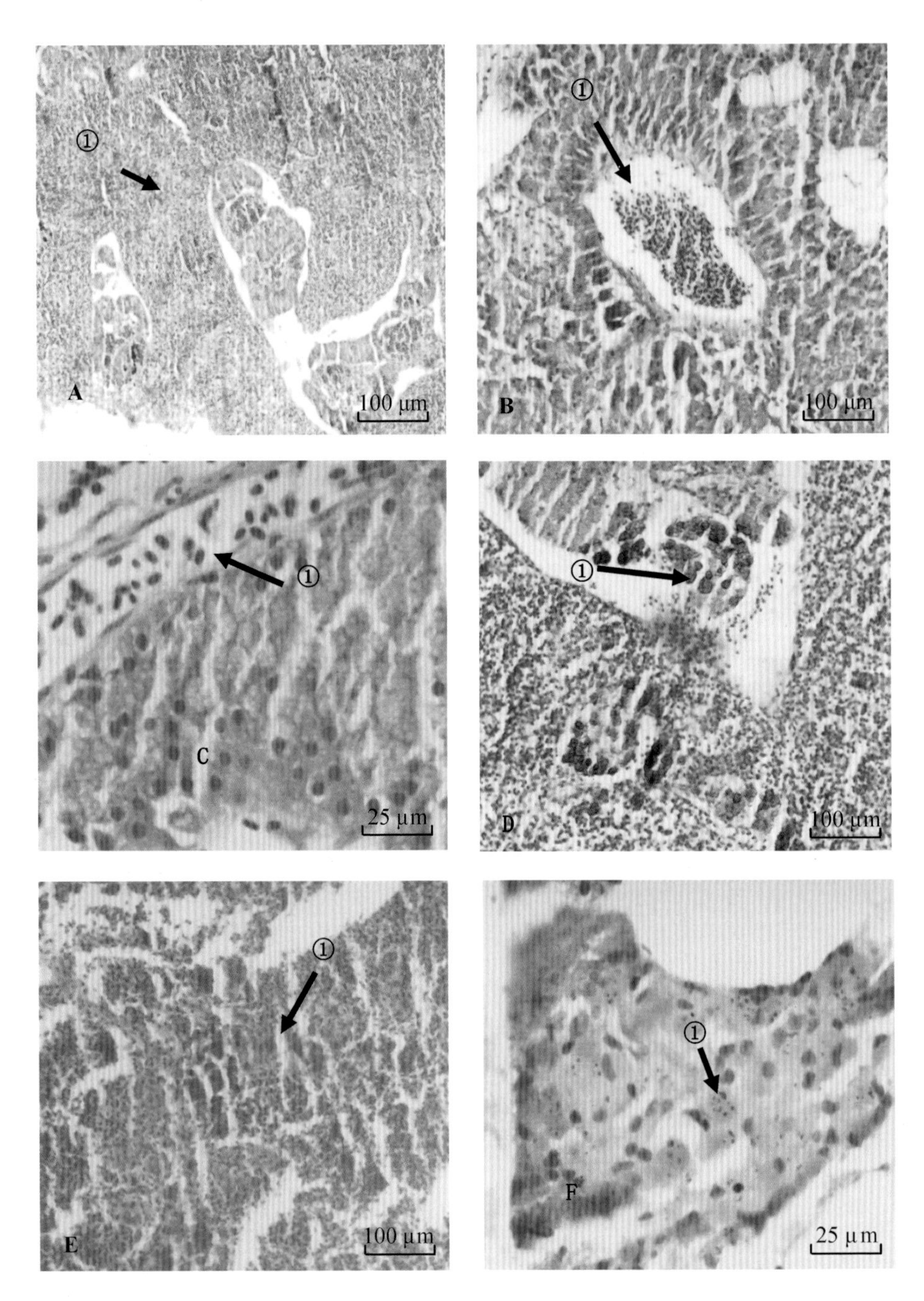

彩插 4　棉粕替代豆粕对草鱼脾脏组织的影响

前　言

近五十年来，世界渔业稳步增长，年均增速为3.2%，中国是全球渔业快速发展的主力军。2012年以来，中国水产养殖产量占全球的62%，是目前唯一水产养殖产量超过捕捞产量的国家（养殖与捕捞产量之比为67∶33）(FAO，2016)。中国水产养殖产业的迅猛发展带动了水产饲料工业的快速发展，特别是近年来中国水产养殖产业由粗放型转变为精致高效型，对配合饲料的需求量及质量提出更高的要求。但目前，我国水产饲料的市场空间只有约1 000万吨，导致饲料原料特别是蛋白原料供应不足。

水产动物对饲料蛋白质水平要求较高，一般为畜禽的2～4倍，通常占配方的25%～50%，甚至更高。饲料蛋白质含量的高低、氨基酸组成及利用效率等，均影响水产动物的生长性能及肉品质。因此，合理的饲料配方及蛋白质组成是水产饲料被动物高效利用的关键。鱼粉具有蛋白质含量高、氨基酸组成合理、容易被动物消化吸收等特点，作为水产饲料拥有特殊的优势。近年来，随着水产品需求量的日益增加、养殖规模的逐渐扩大，鱼粉的需求量呈现快速增长之势。然而，由于过度捕捞，渔业资源受到严重破坏，导致世界鱼粉产量逐年下降，鱼粉供求矛盾日益突出，导致价格不断攀升。因此，寻找价格低廉、来源丰富的饲料蛋白源来部分替代鱼粉具有重要的意义。

人们试图利用价格相对低廉的植物蛋白部分或全部替代鱼粉蛋白，达到降低饲料成本、提高经济效益的目的。但植物蛋白在水产饲料应用中具有氨基酸组成不平衡、消化利用率低、适口性差和含多种抗营养因子等因素，制约了其在水产饲料中的应用。为此，如何提高水产动物对植物蛋白源的利用已成为水产行业亟须解决的重大问题。

棉粕因其资源较多且营养丰富，已成为世界第二大植物蛋白源（仅次于豆粕）。在饲料中合理利用棉粕，减少鱼粉与豆粕用量，不仅能充分利用我国丰富的棉籽资源优势，而且也减少了鱼粉及豆粕在饲料中作为主要蛋白源的竞争，从而降低饲料成本。然而，在实际的水产养殖中，仅把提高生长率及饲料转化率作为最主要的目标，忽视了饲料成分尤其是有毒成分对水产动物的生理机能的影响，会导致养殖中经常出现饲料营养不平衡、有毒成分以及抗营养因子过多等质量问题，造成水产动物生长不良甚至导致病害发生，降低水产动物的肉品质。因此，研究饲料中棉粕替代豆粕及适宜添加量对合理开发利用棉粕作为水产饲料蛋白源具有重大意义。

草鱼（*Ctenopharyngodon idellus*）是中国四大家鱼之一，也是最主要的淡水养殖品种之一。其生长快、个体大、肉质好、味道美，深受人们的青睐。随着草鱼营养研究和配合饲料开发的不断深入及养殖模式的改变，在生产中使用配合饲料饲养草鱼的比例越来越大。但应用植物蛋白作为主要蛋白源时，在草鱼养殖过程中普遍存在营养不均衡，甚至出现免疫力下降、脂肪肝等疾病问题。

到目前为止，关于棉粕替代豆粕对草鱼生理机能及相关基因表达调控系统研究的报道较为鲜见。在该书中以草鱼为研究对象，密切结合我国的生产实际，将饲料中棉粕部分或全部替代豆粕，测定棉粕替代豆粕对草鱼生理及病理指标的影响；同时采用实时荧光定量 PCR 方法检测相关基因的 mRNA 表达丰度，旨在通过研究个体、生理生化指标，进一步从分子水平探讨饲料原料与鱼类营养性疾病的关系，进而确定草鱼配合饲料中棉粕的适宜添加量，为棉粕在水产配合饲料中的合理利用提供理论依据。

本书共分为五部分内容：第一部分为水产动物对植物蛋白源利用的研究进展；第二部分为棉粕替代豆粕对草鱼生长性能、血液指标及脏器结构的影响；第三部分为棉粕替代豆粕对草鱼消化酶活性及相关基因表达的影响；第四部分为棉粕替代豆粕对草鱼抗氧化相关酶活性及其基因表达的影响；第五部分为棉粕替代豆粕对草鱼转氨酶活性及 PPARs 基因表达的影响。本书是笔者及研究团队近十年研究成果的总结。该成果一方面为草鱼配合饲料合理利用棉粕提供理论依据，降低了饲料成本，从而促进草鱼水产养殖的快速发展；另一方面大力开发利用棉粕，作为鱼类配合饲料中重要植物蛋白源提供了理论依据，促进饲料加工产业的快速发展。因此，本书具有重要的现实意义和生产实践价值。

本书得到广东省自然科学基金（S2013010013693）、广东省高等学校优秀青年教师培养计划项目（Yq2013152）与广东省高校优秀青年创新人才培养计划——育苗工程（自然科学）(LYM0809）的共同资助，特此致谢。此外，本书在撰写过程中参考了大量的文献资料与网络数据资源，谨向资源提供者表示衷心感谢。

由于笔者水平有限，研究试验与撰写过程难免存在疏漏与不妥之处，敬请广大读者、专家与同行不吝指教。

郑清梅

2018 年 3 月

目　录

1　水产动物对植物蛋白源利用的研究进展

1.1　水产养殖中植物蛋白资源开发的重要性与紧迫性

1.1.1　全球水产养殖的快速增长

当今世界上，仍有8亿多的人口长期遭受着营养不良的痛苦。预计到2050年，世界人口将达到96亿，比目前全球人口数量多出20多亿，且这些人口主要集中在世界各地的沿海城市（FAO，2016）。如何保障下一代或几代人类生存所需的资源，同时又保护我们的地球自然资源，是全世界都面临着的极大挑战。其中，全球渔业的快速发展为人类消除饥饿、促进健康、减少贫困、增加就业等方面作出巨大的贡献。目前，越来越多的人将渔业捕捞和水产养殖业作为食物和收入的主要来源。鱼类营养丰富，是人类获取蛋白质和多种营养素的重要来源。与过去相比，人们从来没有像今天这样大量消费水产品，或者说从没有像今天这样对渔业生产有着强烈的依赖性。

在过去的五十年，全球水产品产量稳步增长，年均增速为3.2%，超过世界人口增长速度（1.6%），至2014年，其产量约为1.64亿吨（见图1.1）。2012年，全球水产动物捕捞产量9 130万吨，其中海洋捕捞产量约8 000万吨。渔业资源评估结果显示，2011年，全球渔业资源中70%以上处于生物可持续水平，约30%处于过度捕捞状态；完全开发的渔业资源占60%，尚未开发的渔业资源约为10%。2012年，全球水产养殖总产量再创新高，鱼类和其他水产动物的养殖产量为6 660万吨，如果加上2 400万吨的水产养殖植物，水产养殖的总产量超过9 000万吨。可见水产养殖已成为全球食品生产领域增长最快的产业。据FAO统计，2007—2013年全球水产动物捕捞量的年均产量约为9 000万吨，增速缓慢，但水产动物养殖年均产量从4 990万吨增长至6 950万吨，增长快速（见表1.1；中国产业信息，2016）。2014年，世界水产养殖产量更上一层楼，超过了野生捕捞量。然而，人们在关注渔业对当今社会和经济作出巨大贡献的同时，更关注全球渔业的可持续发展。因此，来源广泛且价格相对低廉的植物蛋白资源的开发利用，为世界渔业尤其是水产养殖的可持续发展储备了力量。

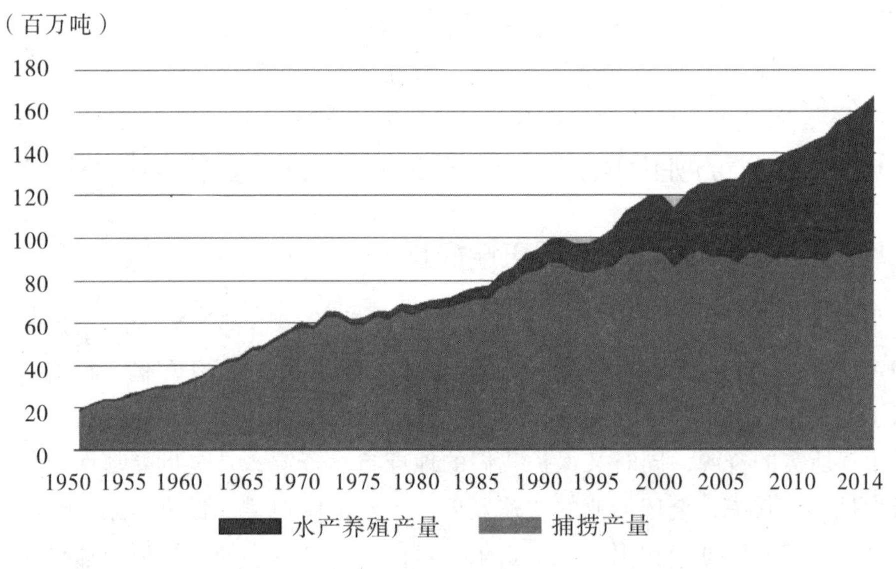

图 1.1　全球水产动物捕捞与养殖产量

注：数据来源于 FAO（2016）。

表 1.1　2007—2013 年全球水产动物捕捞和养殖产量

单位：百万吨

年份		2007	2008	2009	2010	2011	2012	2013
捕捞总量	内陆	10. 1	10. 3	10. 5	11. 3	11. 1	11. 6	11. 5
	海洋	80. 7	79. 9	79. 6	77. 8	82. 6	79. 7	81. 3
	捕捞量	90. 8	90. 2	90. 1	89. 1	93. 7	91. 3	92. 8
养殖总量	内陆	29. 9	32. 4	34. 3	36. 8	38. 7	41. 9	44. 4
	海洋	20	20. 5	21. 4	22. 3	23. 3	24. 7	25. 1
	水产养殖总量	49. 9	52. 9	55. 7	59. 1	62	66. 6	69. 5
水产总量		140. 7	143. 1	145. 8	148. 2	155. 7	157. 9	162. 3

注：数据来源于 FAO（2016）。

1.1.2 全球水产品消费日益增长的需求

目前，全球消费者对水产品的需求越来越旺盛，且重视消费水产品以期对健康带来好处的消费者越来越多。世界人均水产品消费量稳步上升，从20世纪60年代的9.9kg增加到2013年的19.61kg（见表1.2）。据Intrafish于2016年12月22日的报道：世界粮农组织最新的报告显示，每年人均水产品的消费量涨幅比率大约在1%。截至2015年，全球人均水产品消费量达20.3kg；至2016年为20.5kg（中国水产养殖网，2016）。

无论是世界的发展中心区域（从1961年的5.2kg到2010年的17.8kg），还是低收入缺粮的欠发达国家（从1961年的4.9kg到2010年的10.9kg），对水产品消费的需求都不断增长（FAO，2016）。同时，世界发达国家或地区对水产品的消费量依然持续增长，虽然与欠发达国家的差距在不断缩小。发达国家消费的水产品中，相当大的一部分是进口产品，其主要原因是国内稳定的需求以及渔业产量下降。在发展中国家，水产品消费趋向于来源局部地区或季节性生产的水产品，但这些产品的需求推动着水产品供应链的发展。同样，中国作为发展中国家，人均鱼类消费量也在快速增长。在1990—2010年，每年以6%的速度增长，至2010年，人均消费量达32.1kg（FAO，2016）。

水产品消费量的日益增长，促进渔业特别是水产养殖产业的快速发展。目前，人类消费的水产食品中养殖水产品占水产品总量的50%左右。至2030年，这一比例将达到62%。水产养殖是世界渔业快速增长的主力，并带动水产饲料工业的快速发展。

表1.2 2007—2013年全球人均渔产品食用消费量

年份	人口（人）	食用消费量（百万吨）	人均消费（kg）
2007	6 645 716 553	117.3	17.65
2008	6 724 646 992	120.9	17.98
2009	6 803 742 004	123.7	18.18
2010	6 883 512 372	128.2	18.62
2011	6 964 638 027	131.2	18.84
2012	7 043 105 591	136.2	19.34
2013	7 124 543 962	139.7	19.61

注：数据来源于FAO（2016）。

1.1.3 中国水产养殖业健康可持续发展的需求

近年来，中国成为全球最大的水产养殖国，是世界水产养殖快速发展的主力军。据FAO（2016）统计表明，2012年中国水产养殖产量约为4 111万吨，占全球水产养殖总量的61.7%；其次为印度，产量占比为6.3%；越南以及印尼水产养殖量占比均为4.6%（见表1.3）。

近十年来，随着中国经济的快速发展，中国水产品总产量快速增加。2008—2014年，中国水产品的年产量由4 895.6万吨升至6 461.5万吨，每年水产品产量增长率为3%～5.5%（见图1.2），高于全球水产品总产量的增长速度（全球年均增速为3.2%；数据来源于FAO，2016）。

同样，水产养殖的快速发展也是中国渔业快速发展的主导力量。近年来中国水产养殖产量占水产总量的比例不断攀升，2014年，中国全年水产品产量约为6 462万吨，比上年增长4.7%。其中，养殖水产品产量约为4 748万吨，比上年增长4.55%，占全国水产品总量的73.5%，是世界唯一养殖产量超过捕捞产量的水产养殖大国（见图1.3）。人工养殖产量的逐年增长，预示着市场对水产配合饲料快速发展的潜在需求。

图1.2 2008—2014年中国水产品产量

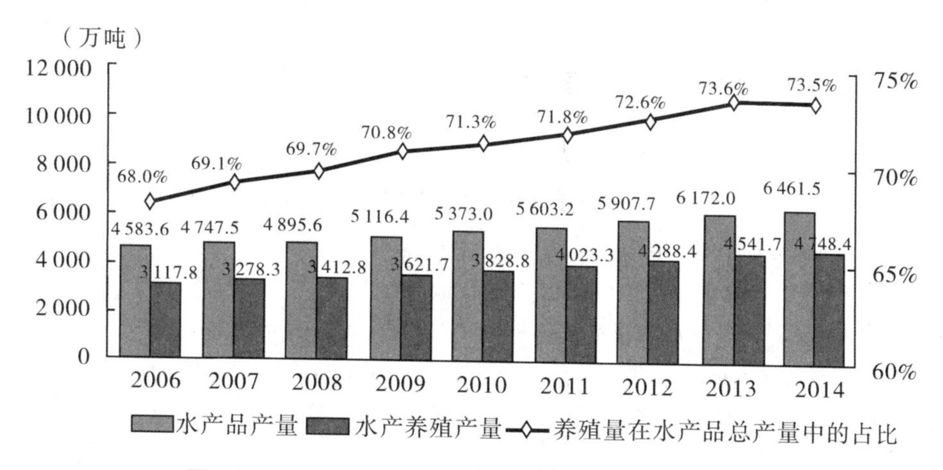

图 1.3 2006—2014 年中国水产品产量及水产养殖产量

注：数据来源于中国产业信息，2016。

表 1.3 2012 年全球水产养殖食用鱼产量前 15 名的国家或地区及主要养殖种类

单位：吨，%

产地	鱼类		甲壳类	软体动物	其他种类	国家总产量	占世界总产量
	淡水养殖	海水养殖					
中国	23 341 134	1 028 399	3 592 588	12 343 169	803 016	41 108 306	61.7
印度	3 813 420	84 164	299 926	12 905	…	4 209 415	6.3
越南	2 091 200	51 000	513 100	400 000	30 200	3 085 500	4.6
印度尼西亚	2 097 407	582 077	387 698	…	477	3 067 660	4.6
孟加拉	1 525 672	63 220	137 174	…	…	1 726 066	2.6
挪威	85	1 319 033	…	2 001	…	1 321 119	2.0
泰国	380 986	19 994	623 660	205 192	4 045	1 233 877	1.9
智利	59 527	758 587	…	253 307	…	1 071 421	1.6
埃及	1 016 629	…	1 109	…	…	1 017 738	1.5
缅甸	822 589	1 868	58 981	…	1 731	885 169	1.3
菲律宾	310 042	361 722	72 822	46 308	…	790 894	1.2

（续上表）

产地	鱼类		甲壳类	软体动物	其他种类	国家总产量	占世界总产量
	淡水养殖	海水养殖					
巴西	611 343	…	74 415	20 699	1 005	707 461	1.1
日本	33 957	250 472	1 596	345 914	1 108	633 047	1.0
朝鲜	14 099	76 307	2 838	373 488	17 672	484 404	0.7
美国	185 598	21 169	44 928	168 329	…	420 024	0.6
世界前15名	36 302 688	4 618 012	5 810 835	14 171 312	859 254	61 762 101	92.7
其他国家	2 296 562	933 893	635 983	999 426	5 288	4 871 152	7.3
总计	38 599 250	5 551 905	6 446 818	15 170 738	864 542	66 633 253	100

注：数据来源于FAO（2016）；“…”表示该地区没有相关数据或产量太小。

1.1.4 中国水产饲料工业健康发展的需求

水产饲料工业已发展成为我国饲料工业中一个重要的支柱产业，是支撑现代水产养殖业发展的基础。当前，水产配合饲料工业随着水产养殖业的快速发展进入了高速发展时期，成为饲料工业中增长快、效益好、潜力大的阳光产业。据1991—2014年水产养殖及水产配合饲料产量情况分析，1991年我国水产配合饲料产量只有约75万吨，仅占我国配合饲料总产量约3%，到1999年，其产量已增至400万吨，占配合饲料总产量的5.8%；至2014年我国水产配合饲料的产量约为1 874万吨，约占配合饲料总产量的12%（见图1.4）。23年间年均增速达到15.04%，远高于配合饲料整体9%的平均增速。水产饲料工业的快速发展，预示着饲料工业中饲料原料尤其是蛋白原料的开发利用具有广阔的发展空间。目前，我国水产饲料的市场空间在1 000万吨以上，导致饲料原料特别是蛋白原料供应不足（林仕梅，2008；仲维玮，2010）。

全球水产品消费的增长促进了养殖业的快速发展，而养殖业的快速发展又必将增加饲料原料的需求量。且中国水产饲料加工产业正处于以粗放的生产方式向规模化、集约化、专业化的现代化生产方式转变的阶段，将对饲料产品的产量和质量都提出更高的要求，凸显了饲料蛋白资源的供应不足。因此，大力开发利用多种蛋白资源是中国水产饲料工业健康发展的迫切要求。

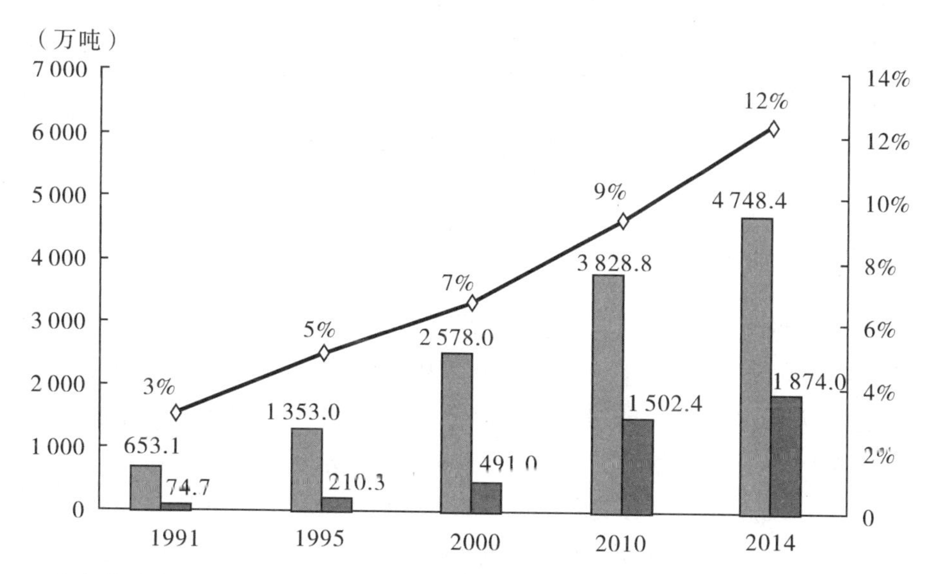

图 1.4　1991—2014 年中国水产养殖及水产配合饲料产量情况

注：数据来源于中国产业信息，2016 年。

饲料蛋白原料主要来源于鱼粉、豆粕、菜粕、棉粕、玉米蛋白粉、动物蛋白粉及其他杂粕类等。目前，从整体供应情况来看，世界饲料蛋白原料产量仍可以保证饲料工业增长的需求；就各地区而言，不同地区产需差异较大。近年来，世界鱼粉年产量不断下降，2009 年产量超过 1 000 万吨，而 2015 年产量降至 700 万吨。中国鱼粉进口量占总供给比例 70% 左右，远远高于玉米和大豆（中国产业信息，2016），对进口量的依赖程度非常高。鱼粉供应的数量和价格对我国养殖业的经济效益影响颇大。

1.1.5　中国饲料蛋白原料的需求

随着中国饲料工业的迅猛发展，国产蛋白原料早已经供不应求。饲料蛋白原料短缺更是阻碍中国饲料工业发展的主要因素。其中，中国压榨用大豆超过 95% 是通过进口的，2014—2015 年大豆进口量为 7 300 万吨，且定价权主要在于美国。菜粕方面，由于国内菜籽播种面积减少，国产菜粕供应量出现下降，菜籽进口量也逐年增加。棉粕方面，同样遭遇了国内棉花减产，棉粕产量下降的情况（林国发，2015）。

可见，中国饲料蛋白原料明显短缺，而饲料工业处于快速发展阶段，这意味着我国饲料蛋白原料的供应对国外进口的依赖性将不断增强，这将会制约饲料行业的发展。因此，开发利用本土饲料蛋白资源，降低对国际蛋白资源的依赖程度势在必行。

1.1.6 新型蛋白原料的开发利用

水产动物对饲料蛋白质水平要求较高，一般为畜禽的2～4倍，通常占配方的25%～50%，甚至更多（周歧存等，2005；陈友俭，2011）。饲料蛋白质含量过高或过低及其氨基酸组成，均影响水产动物的生长与健康。同时，不同水产动物对蛋白质、脂肪、糖类等营养成分的需求也存有明显差异。因此，合理的饲料配方及蛋白来源是水产饲料能否得到高效利用的关键。

鱼粉具有蛋白质含量高、富含动物必需氨基酸、容易被动物消化吸收等特点，是水产饲料的优质蛋白源。近年来，随着水产品需求量的日益增加、养殖规模的逐渐扩大，全球鱼粉的需求量呈现快速增长之势。然而，由于全球渔业自然资源的衰退导致世界鱼粉产量逐年下降，鱼粉供求矛盾日益突出、价格不断攀升。我国年均进口鱼粉约100万吨（见图1.5），鱼粉供应的数量和价格对中国养殖业的效益影响颇大。而中国鱼粉的年均产量只有30万吨（见图1.6），对鱼粉进口依赖度一直保持在70%左右（见图1.5），远远高于其他饲料原料对进口的依赖度。因此，寻找价格低廉、来源丰富的饲料蛋白源来部分替代鱼粉具有重要的意义（Hardy，2004；周凡、邵庆均，2007）。

植物蛋白源来源广泛，处理比较容易，但营养价值较动物蛋白源低。传统的植物蛋白源主要包括不同大豆产品（大豆粉和大豆饼粕）、棉籽饼粕、菜籽饼粕等。植物蛋白源中，豆粕是水产养殖动物的优质植物蛋白源，在世界鱼类饲料配方中的配比非常高，在一些淡水杂食性鱼类配合饲料中的比例已达40%以上（王崇等，2009；刘襄河等，2010）。随着养殖业的快速发展，豆粕与鱼粉的价格不断飙升，开发更为廉价的植物蛋白源如棉粕、菜粕等将成为水产养殖研究工作者和饲料行业关注的热点。

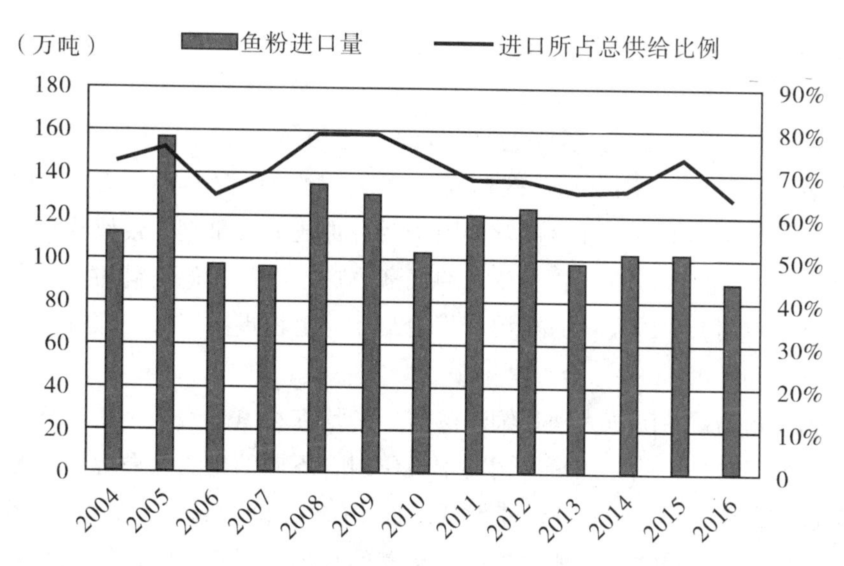

图 1.5　2004—2016 年中国鱼粉进口量及所占总供给比例

注：数据来源于中国产业信息，2016 年。

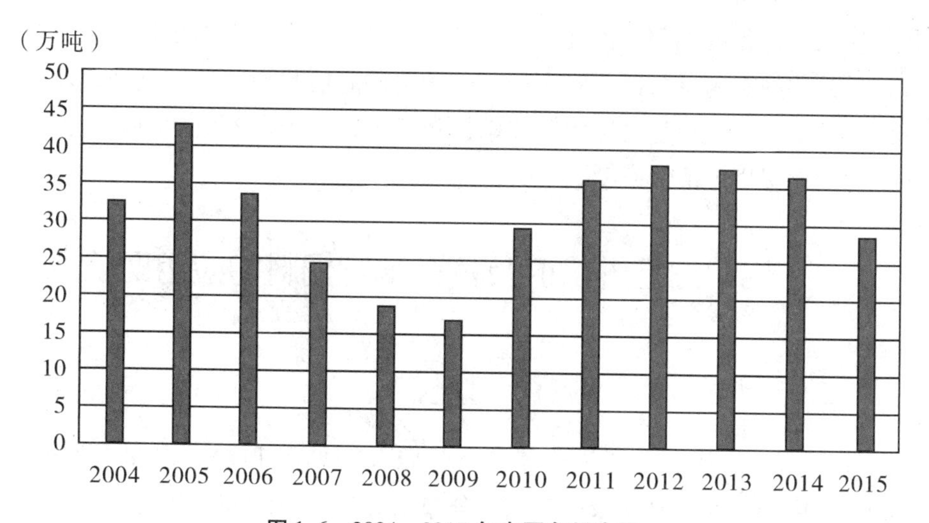

图 1.6　2004—2015 年中国鱼粉产量

注：数据来源于中国产业信息，2016 年。

目前，我国棉粕、菜粕和花生粕产量大，尚待开发及进一步利用。我国是世界棉花生产的第一大国，棉籽年产量 900 万吨以上，棉粕年产量 420 多万吨，油菜籽（含进口）年产量达 1 400 万吨以上，菜粕年产量在 700 万吨以上。中国花生年产量达 1 795 万吨，花生粕年产量也在 300 万吨以上（天下粮仓，2015）。棉粕作为重要蛋白资源已开始应用于部分水产配合饲料中。

人们试图利用价格相对低廉的动植物蛋白部分或全部替代鱼粉蛋白，达到降低饲料成本、提高经济效益的目的（薛敏等，2002；林仕梅等，2007；乐贻荣，2008）。由于豆粕、棉粕、菜粕等植物蛋白源的蛋白质含量比鱼粉低，营养物质不平衡，且含抗营养因子及有毒成分含量高，致使其利用率一直不高。随着育种改良、脱毒技术的逐渐改进，以及其他饲料加工技术的进一步推广应用。我国大量的棉粕、菜粕及其他植物蛋白饲料资源将会得到进一步开发和利用。

由于植物蛋白源作为动物饲料的蛋白源均存在氨基酸不平衡、抗营养因子过多的问题。因此，在水产饲料中应用组合不同的植物蛋白源，不但有利于蛋白质平衡，提高饲料的营养价值，而且有利于降低成本，提高生产效益。

因此，如何最大限度地发挥中国丰富的豆粕、菜粕、棉粕和花生粕等植物蛋白资源，是我国水产动物营养学家研究和关注的热点：这些植物蛋白在水产饲料中的适宜用量是多少？对水产动物生长性能产生怎样的影响？对鱼体健康的危害程度如何？因此，研究植物蛋白源对水产动物生长性能、健康和产品品质的影响，探讨其对水产养殖动物的脂肪代谢与调控机理，摸索提高水产动物利用植物蛋白源的营养学途径，为提高水产养殖动物对植物蛋白源的利用率提供理论依据。

1.2 棉粕的营养价值及其在动物饲料的应用现状

1.2.1 全球棉粕产量稳步增长

15 年来，全球棉籽产量总体呈增长趋势（见图 1.7），由图 1.7 所示，2000—2014 全球棉籽产量及生产区域分布的分析表明，2000 年全球棉籽产量约为 3 330 万吨，2014 年产量增长至 4 670 万吨，增长了 40%。其中，亚洲和美洲是全球棉籽主要产区，亚洲产量占全球总产量的 70%，美洲产量占全球总产量的 20.4%（见图 1.8）。中国是世界上棉花、棉籽及棉粕生产第一大国。2014 年，中国棉籽产量约为 970 万吨（见图 1.9），全球棉籽产量约为 4 670万吨（见图 1.7），中国棉籽产量占全球总产量的 21%。由于受政策调整及经济形势不佳影响，2015—2016 年度国内棉花种植面积继续下降，导致籽棉产量大幅下降，棉籽总量也随之降低。2015—2016 年全国棉籽产量约 766 万吨，棉粕产量在 409 万吨左右，较上一年分别下降了 20.62%、19.1%（天下粮仓）。

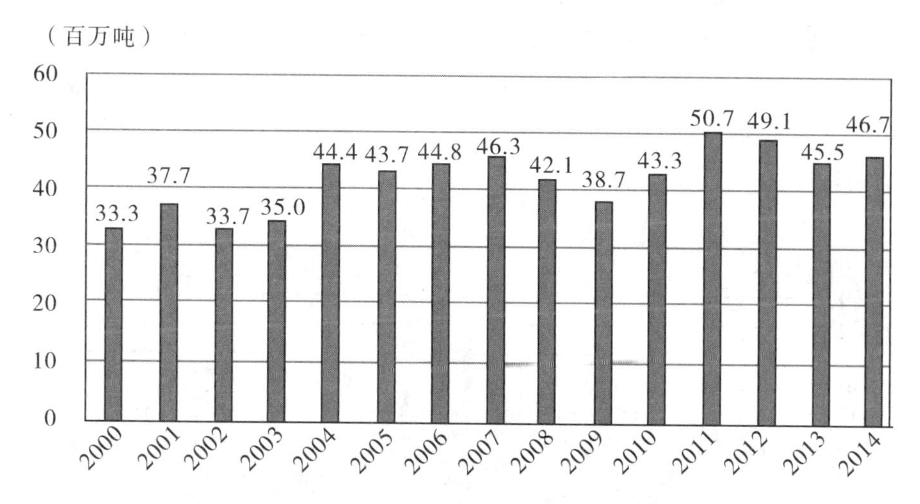

图 1.7　2000—2014 年全球棉籽产量

注：数据来源于 FAO（2016）。

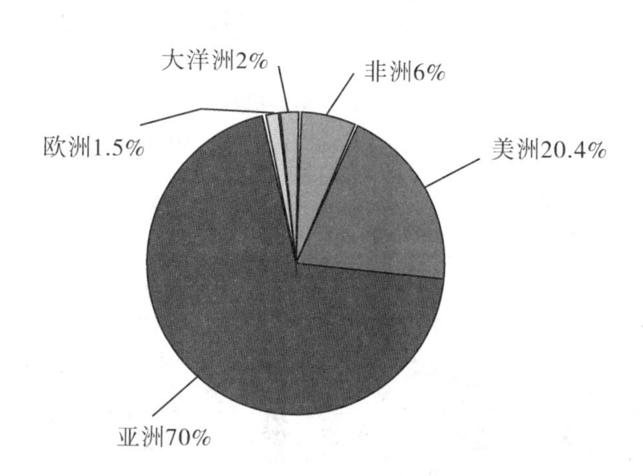

图 1.8　2000—2014 年全球棉籽生产区域分布

注：数据来源于 FAO（2016）。

棉籽经过压榨后得到的面饼，经过浸出工艺将里面的大部分残油分离出来，得到一种微红或黄色的颗粒状物品，粗蛋白含量可达 40% 以上，即为棉粕。棉籽在压榨制油过程中，由于蒸炒、压榨等热作用，其成分经过物理、化学变化，大部分棉酚与蛋白质、氨基酸结合而变成结合棉酚，结合棉酚在动物消化道内不被吸收，故毒性很小；另一部分棉酚则以游离形式存在于饼、粕及油品中，游离棉酚对动物毒性较大。由于棉籽饼、粕中的游离棉酚对动物有害，因此在使用棉籽饼粕时，要根据饲喂对象及饼粕中游离棉酚的含量加以限量。15 年来，中国棉籽的年均产量约为 900 万吨（见图 1.9），棉粕的年均产量约为 450 万吨（见图 1.10）。棉粕已经成为中国用量仅次于豆粕、菜粕的粕类蛋白原料。

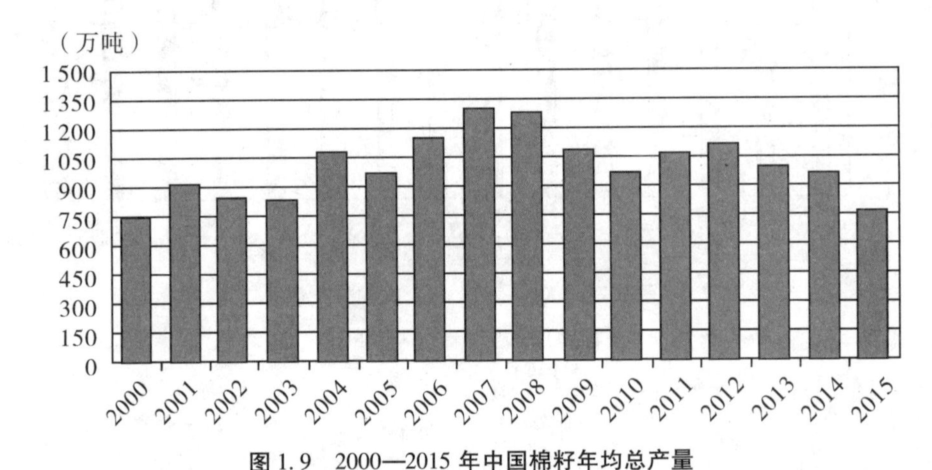

图 1.9　2000—2015 年中国棉籽年均总产量

注：数据来源于天下粮仓，http://mt. sohu. com/20150922/n421825564. shtml。

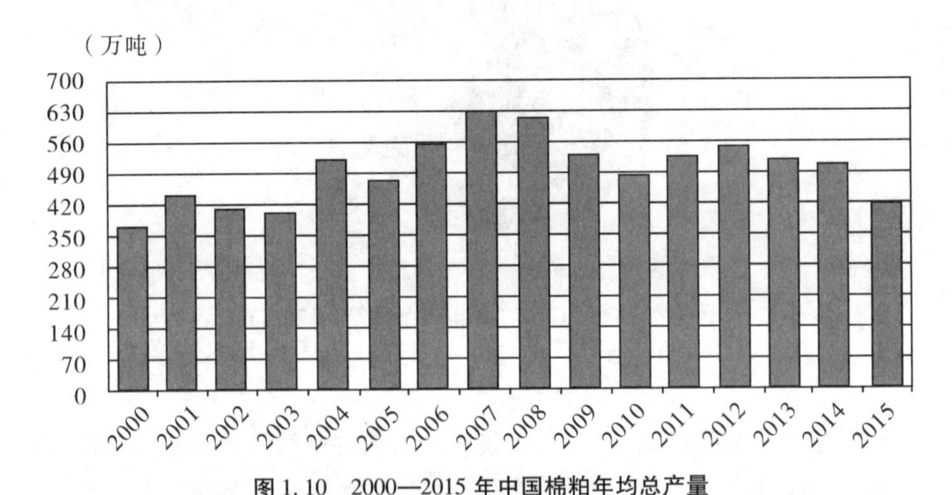

图 1.10　2000—2015 年中国棉粕年均总产量

注：数据来源于天下粮仓，http://mt. sohu. com/20150922/n421825564. shtml。

1.2.2 棉粕的营养价值

棉粕是我国除豆粕之外的另一种重要的饼粕类蛋白源，占全国各类饼粕总量的40%以上。棉粕主要是以棉籽为原料，使用预榨浸出或者直接浸出法去油后所得的产品，区别于以压榨法取油后所得的棉籽饼。棉籽通过不同加工方式提取棉籽油后，其产物的营养成分差异很大（见表1.4）。其中棉籽浸出粕的蛋白质含量最高（38%～41%），而脂肪的质量分数最低，总体质量最优。与浸出粕相反，土榨饼的蛋白质含量最低（20%～30%），但粗纤维含量最高（16%～20%）。萧培珍等（2009）研究表明，棉粕含粗蛋白质量分数为38%～50%，含粗纤维9%～16%，另外，粗灰分含量低于9%。王安平等（2010）测定了中国不同主产区棉粕（浸出粕）样品的营养成分和棉酚含量，结果表明，棉粕的粗蛋白、粗脂肪与酸性洗涤纤维的含量分别为39.28%、0.28%与21.60%，游离棉酚的含量为1 021.14 mg/kg。

棉籽（仁）饼粕不仅粗蛋白含量较高，而且蛋白质品质也属上乘。十种必需氨基酸的含量，除蛋氨酸略显不足外，其他九种均达到联合国粮农组织（FAO）推荐的标准（高立海等，2004）。第1限制性氨基酸赖氨酸的质量分数为1.61%～2.13%，低于豆粕的水平；蛋氨酸含量为0.53%～0.58%，与豆粕中蛋氨酸含量相当，而棉粕精氨酸、苯丙氨酸和缬氨酸均高于豆粕（萧培珍等，2009）。

表1.4 不同棉籽油生产方式的棉籽饼、粕的营养成分

营养成分	土榨饼	螺旋压榨饼	浸出粕
粗蛋白（%）	20～30	32～38	38～41
粗脂肪（%）	5～7	3～5	1～3
粗纤维（%）	16～20	10～14	10～14
粗灰分（%）	6～8	5～6	5～6
代谢能（MJ/kg）	<7	8.2	7.9

同时，棉籽饼还富含磷、铁、镁等矿物元素，营养价值远比谷类饲料高。棉籽饼氨基酸组成比例在所有饼粕中属较好的一种，必需氨基酸占粗蛋白的

比例为41.1%，比豆饼的46.5%略低。此外，棉粕也是维生素的良好来源，与豆粕相比，具有更为丰富的B族维生素（高立海等，2004）。

1.2.3 棉粕的有毒成分

棉籽饼（粕）类蛋白质含量高，氨基酸较为平衡，可以作为水产饲料中的蛋白源。由于棉粕中含有棉酚（Gossypol），影响其饲用量，致使其在蛋白饲料原料中所占的比例并不是很高。棉酚是锦葵科棉属植物色素腺产生的多酚二萘衍生物，存在于其叶和种子中。棉酚按其存在形式，可分为游离棉酚（Free Gossypol，FG）和结合棉酚（Bound Gossypol，BG）。游离棉酚中活性基团（醛基和羟基）可与其他物质结合，对动物具有毒性作用。结合棉酚是指游离棉酚与蛋白质、氨基酸、磷脂等结合的产物。由于其活性基团被结合，在机体内不具有毒性。

棉籽中色素腺占棉籽仁重量的2.4%～4.8%，色素腺重量中的39%～50%为棉酚。棉籽在榨油加工时，色素腺破裂，释放腺体内容物。一部分游离棉酚转入油中，大部分游离棉酚由于加工过程受热的作用，与棉籽中的蛋白质、氨基酸等成分结合，形成毒性较小的结合棉酚，但仍有少量游离棉酚残留在饼粕中。

由于加工方法不同，中国棉籽饼粕可分为三种：土榨饼、机榨饼和浸出粕。其中浸出粕的游离棉酚含量最低，为（437±204）mg/kg；机榨饼其次，为（682±334）mg/kg；土榨饼的最高，为（1 581±1 105）mg/kg。可见不同加工类型棉籽饼粕中游离棉酚的含量差别很大（周培校等，2009）。

《饲料卫生标准》（GB 13078—2001）中规定棉籽饼粕中游离棉酚的含量应为1 200 mg/kg。《无公害食品渔用配合饲料安全限量》（NY 5072—2002）中规定，温水杂食性鱼类、虾类配合饲料中游离棉酚的含量应为300 mg/kg，冷水性鱼类、海水鱼类配合饲料中游离棉酚的含量应为150 mg/kg（萧培珍等，2009）。

1.2.4 棉粕中游离棉酚对动物的毒性作用

游离棉酚主要由活性醛基和活性羟基产生毒性并引起多种危害。游离棉酚被动物摄入后，大部分在消化道中形成结合棉酚，由粪便直接排出，只有小部分被吸收。采用放射性游离棉酚对家禽的研究表明，摄入游离棉酚的

89.3%从粪便中排出，8.9%进入鸡的组织中，而组织中的游离棉酚有50%集中于肝脏。游离棉酚的排泄比较缓慢，在体内有明显的蓄积作用，因而动物长期摄入棉籽饼会引起慢性中毒。游离棉酚对动物的毒性作用有如下几个方面（侯红利，2006）。

1. 对细胞和组织的毒性

（1）刺激胃肠黏膜，引起胃肠炎。

（2）吸收入血液后，损害心脏、肝脏、肾脏等实质器官。

（3）增强血管壁的通透性，促使血浆和血细胞向周围组织渗透，使受害的组织发生浆液性浸润、出血性炎症和体腔积液。

（4）游离棉酚极容易溶于脂质，能在神经细胞中积累而使神经系统的机能发生紊乱。

2. 干扰动物体正常生理功能

游离棉酚在体内可与许多功能蛋白质和一些重要酶结合，使它们丧失正常的生理功能。游离棉酚与铁离子结合，会干扰血红蛋白的合成，引起缺铁性贫血。

3. 降低氨基酸利用率

游离棉酚除了直接影响机体的生理机能外，其活性醛基还可在饲料加工过程中与棉粕蛋白中赖氨酸的$\varepsilon-NH_2$发生美拉德反应，降低棉粕中赖氨酸的可利用率。

4. 对动物生殖机能的影响

破坏动物睾丸生精上皮，导致精子畸形、死亡，使动物繁殖能力降低（侯红利，2006）。

1.2.5 棉粕在动物中的利用概况

1.2.5.1 棉粕在畜禽中的应用现状

棉粕在畜禽中的应用及其毒性作用已报道得较为详尽。动物品种不同，对游离棉酚的敏感性也不同。动物若长期过量摄食棉籽饼，会引起中毒，从而出现消化紊乱、肝炎、胃肠炎、生长受阻、生产能力下降、贫血、繁殖力下降等病症（吴立新，2004）。

成年反刍动物由于瘤胃微生物的解毒作用，对食物中的游离棉酚有较大的耐受能力，一般情况下不会引起中毒，即使中毒其症状也较轻（刘志祥，

2000）。由于游离棉酚在动物体内有蓄积性，成年反刍动物若长期过量摄食棉籽饼粕，也会出现中毒症状（丁名馨，1981）。在奶牛的日粮中添加整粒棉籽，一般推荐量为：成年牛体重的 0.5%，幼牛体重的 0.33%。按干物质的量添加，一般以干物质量的 15% 为宜。由于脂肪含量高，加上游离棉酚的毒性问题，一般添加量不超过干物质采食量的 25%（王金梅，2007）。Blackwelder 等（1998）研究表明，在饲料中添加 16.2% 棉粕饲喂奶牛，奶牛的采食量有所增加，且产奶的乳脂率、乳蛋白率与对照组相比无显著变化。反刍动物的幼畜由于消化系统发育还不够完善，其瘤胃的解毒能力还不强，因而对棉籽饼粕的游离棉酚毒性与单胃动物一样敏感，也会出现与单胃动物一样的中毒症状。

通常情况下，单胃动物比反刍动物对游离棉酚敏感得多。李艳玲等（2005）认为日粮中游离棉酚含量达 100 mg/kg 时，可影响猪的生长性能。凌吉春和吴畏（1996）的研究结果也表明，脱酚棉仁蛋白替代豆粕养猪可达到相同的饲养效果，且成本比纯豆粕蛋白源下降 5% 以上，经济效益较明显。而李铁军等（1995）在日粮中加入适量的棉籽饼，配制的饲料中游离棉酚含量很少，不至于影响猪的生产性能。当饲料中棉籽饼的添加量不超过 15% 时对猪的生长和生理机能是安全的。

目前，大多数研究结果表明，在鸡饲料中添加棉粕的量不宜过多，一般在 8% 以下。兰婷妹和潘杰（2007）在种鸡日粮中使用 5% 的棉籽饼，对种鸡的生产性能有严重的影响，种鸡的产蛋率和受精率下降，孵化率只有 62.70%，而对照组为 91.80%。徐岩等（2003）在产蛋种鸡中添加 4% ~6% 的棉粕，产蛋率维持不变，但受精率、孵化率显著下降。

棉粕可通过多种加工方式如挤压膨化、发酵等进行脱毒处理，降低其游离棉酚的含量，改善棉粕饲用品质，扩大其在动物养殖中的应用。乔晓艳等（2013）发现微生物发酵可有效改善棉粕饲用品质，试验结果表明，发酵后棉粕中游离棉酚含量从发酵前的 520 mg/kg 降低至 270 mg/kg，小肽含量由发酵前的 3.46% 提高到 14.43%，总氨基酸和必需氨基酸含量分别提高了 10.81% 和 11.57%，其中：赖氨酸和蛋氨酸含量分别提高了 11.24% 和 35.48%，植酸含量从 1.83% 降到 0.29%，相应的无机磷含量从 0.08% 提高到 0.51%，粗纤维含量由发酵前的 12.0% 降低至 10.2%，有益代谢产物乳酸含量达到 6.0%。研究表明，脱毒后的棉粕在动物养殖中应用前景广阔（张力莉、徐晓锋，2015）。秦金胜等（2010）研究了发酵棉粕和普通棉粕替代豆粕对猪生长性能的影响，结果显示，与对照组相比，普通棉粕替代豆粕的比例达到5%时，猪的日增重有下降趋势；达10%时可显著降低猪的日增重和饲料报酬；但发酵棉粕替代豆粕的比例达到15%时对猪生长育肥期的生长性能尚无显著不良影响。蒋明等（2011）研究了经硫酸亚铁和高温脱毒处理后的棉粕以不同比例替代豆粕时，对尼罗罗非鱼幼鱼生长性能及生理代谢的影响，结果表明，饲料中棉酚含量对鱼体肝脏及肌肉中游离棉酚含量以及血清转氨酶活性有显著影响，可引起肝功能异常；但利用硫酸亚铁和高温两种方法处理棉粕后，可以有效降低游离棉酚在饲料和体内的含量，提高棉粕的利用率，有效降低游离棉酚对肝脏的损伤程度。

1.2.5.2 棉粕在水产动物中的应用现状

近年来，随着养殖业的迅猛发展，各种饲料原料的价格也大幅度飙升，尤其是蛋白饲料（如鱼粉、豆粕）价格涨幅最大，这就迫使生产者采用价格相对较低的杂粕，包括菜粕、棉粕等，甚至在部分鱼类实用饲料配方中用量比例高达50%以上（林仕梅等，2007）。尽管这种杂粕中存在棉酚等抗营养因子，对水产动物生长性能与免疫力会产生不利的影响，但已有大量的试验证明，对其合理的利用是安全可行的（Francis et al.，2001；Rinchard et al.，2003）。

1. 棉粕在水产饲料中的最适添加量的研究

配合饲料中植物蛋白源的最适添加量是指水产动物能够最大限度利用某种植物蛋白且不影响其健康状态及品质的量。主要包括三个层次的含义，一是指在该添加水平，水产动物的生长率与对照组的差异不显著或高于对照组；二是指在该替代水平下水产动物的饲料转化率、蛋白质利用率与对照组之间没有显著差异；三是指在该添加范围内，水产动物肌肉的生化组成及生理状态不受影响，即其健康状况及肌肉的品质、风味不受影响（艾庆辉、谢小军，2005）。在实际的养殖生产中，人们关心的是如何最大限度地降低饲料成本，节约蛋白质，即以最低廉的成本获取最大的利润，因而往往把提高生长率及饲料转化率作为最主要的目标，而经常忽视了产品的品质及水产动物的生理状况，这最终会影响渔业的可持续发展。

一般认为，棉粕在鱼的配合饲料中的比例可以达到30%～40%，数倍于棉籽饼在畜禽配合饲料中所占的比例，但不同种类的水产动物对饲料中棉粕使用量是有差异的。Robinson 和 Brent（1989）研究指出，斑点叉尾鮰饲料中添加15%棉粕是可行的。Cheng 和 Hardy（2002）认为，饲料中含 10% 棉粕不会影响虹鳟的生长性能，但饲料中棉酚含量的增加会降低粗蛋白的表观消化率。这一结果与 Mbahinzireki 等（2001）在尼罗罗非鱼上的研究结果一致。这可能与饲料中棉粕含量过高、饲料适口性差、营养不平衡及游离棉酚对鱼有毒害作用等因素有关。任维美（2002）研究表明，用棉籽饼代替 50% 鱼粉的饲料喂养尼罗罗非鱼，试验组的生长与对照组无显著差异；棉籽饼代替率在 50% 以上，罗非鱼生长变慢。严全根等（2014）研究了饲料中棉粕替代鱼粉蛋白对草鱼的生长、血液生理指标和鱼体组成的影响，结果表明，棉粕可以替代鱼粉蛋白的 43.3% 而不影响草鱼的生长；但随着饲料中棉粕含量的进一步增加，草鱼特定生长率呈下降的趋势；当替代比例达到 60%，生长率显著低于对照组；饲料效率、蛋白质贮积率和能量贮积率随着饲料中棉粕含量升高而显著降低。Barros 等（2002）研究指出，在无鱼粉的豆粕饲料中补充铁，棉粕替代 50% 豆粕会提高斑点叉尾鮰的增重和改善饲料利用率。这说明棉粕饲料通过不同的处理（如补充赖氨酸、蛋氨酸或棉粕加工工艺减少游离棉酚的含量）会提高饲料中棉粕的用量。

严全根等（2014）研究表明，饲料中添加棉粕通常对鱼体组成有一定的影响。棉粕替代鱼粉蛋白达 80% 时，草鱼鱼体的水分含量显著高于对照组；当棉粕替代鱼粉蛋白达到 100% 时，鱼体脂肪和能量含量显著低于对照组。Yue 和 Zhou（2008）的研究结果也表明，随着饲料中棉粕含量的增加，罗非鱼的肥满度和肝体比指数分别呈现出下降和上升趋势。不同研究者对于饲料中棉粕替代水平对鱼的肥满度、脏体比及肝体比等形态学指标影响的研究结果不一致。Robinson 和 Brent（1989）认为饲料中棉粕含量不影响斑点叉尾鮰的肥满度。Cheng 和 Hardy（2002）在对虹鳟及 Yue 和 Zhou（2008）在对罗非鱼的研究中也发现饲料中棉粕的添加水平没有显著影响全鱼的体组成。上述的研究结果彼此之间存在异同，这可能与棉粕的添加水平，鱼的种类、规格及棉粕中棉酚含量及试验时间等有密切的关系。

饲料中添加棉粕可进一步影响水产动物的消化酶活性及消化道结构，从而影响其生长性能。杨彬彬等（2015）研究了棉粕替代部分鱼粉对黑鲷幼鱼消化酶活性及肠道组织结构的影响，结果表明，当棉粕替代比例超过 30% 时，前、中肠肌层厚度和褶皱高度均有不同程度的减小，且前肠胰蛋白酶活性显著下降；当棉粕替代比例高于60%时，对肠道组织结构有明显破坏作用。

2. 影响水产动物利用棉粕蛋白的因素

(1) 抗营养因子。

抗营养因子是指食品或饲料中对人和动物的生长及健康产生不利影响的物质（艾庆辉、谢小军，2005）。棉粕中的主要抗营养因子为棉酚、环丙烯脂肪酸、粗纤维、单宁酸、植酸等，是影响水产动物利用棉粕蛋白的重要因素（高立海等，2004）。抗营养因子的抗营养作用主要表现在以下几个方面，一是通过影响动物的消化酶活性，降低蛋白质等营养物质的消化吸收率；二是直接扰乱水产动物正常的生理功能，从而对其产生毒害作用；三是抗营养因子和某些营养物质结合，形成难以分解的化合物，从而影响该营养物质的吸收利用；四是抑制水产动物的食欲。抗营养因子最重要的限制作用是影响水产动物对植物蛋白的消化吸收，通常情况下水产动物对植物蛋白的消化吸收率低于鱼粉。因此较低的消化率成为制约水产动物利用植物蛋白的重要因素（艾庆辉、谢小军，2005）。

棉粕中棉酚对血中蛋白质、细胞膜或精子具有很高的亲和性。棉酚的这种特性容易导致细胞膜的主要结构与电化学的改变，尤其是在含高水平磷酸卵磷脂的细胞膜中（Royer and Vander Jagt，1983；Reyes and Benos，1988；Dabrowski et al.，2001）。研究表明，除成年反刍动物的瘤胃能对棉酚解毒从而能较大量使用外，其他单胃动物如猪、鸡、鸭等对棉酚非常敏感（萧培珍等，2009）。尽管棉粕中含有一定量的棉酚，但其作为鱼虾饲料存在几个方面的优势：首先棉籽经过溶剂浸出等加工处理后，棉粕中棉酚含量已大为下降；含有棉粕的配合颗粒饲料投入池塘后，在鱼摄食前，饲料中的棉酚由于浸泡在水中，部分棉酚可溶解到水环境中，其溶解速度与环境条件（主要是水温）及时间的长短有直接关系，有些颗粒饲料甚至降低到不含有毒物质的程度；其次鱼虾等水产变温动物对游离棉酚的抵抗能力远比畜禽等恒温动物强。

不同种类的水产动物饲料中棉籽饼使用量有差异，在草鱼、鲢鱼、鳊鱼和鳝鱼等鱼类饲料中的用量为10%~20%，在鲤鱼饲料中可增至30%，而对于二龄青鱼可达40%（吕忠进，1993）。当饲料中棉酚含量达到0.09%时，斑点叉尾鮰生长逐渐变慢（Dorsa等，1982）。但林仕梅等（2007）认为，当饲料中菜粕和棉粕的总量达到58%时对罗非鱼的免疫和防御能力产生明显的危害。任维美（2002）研究表明，用棉籽饼代替50%鱼粉的饲料喂养的罗非鱼的生长与投喂对照饲料的鱼无显著差异；棉籽饼代替率在50%以上，罗非鱼生长变慢；棉籽饼代替率在75%以上，鱼体中的铁、钙、磷浓度降低；饲料中的棉酚含量为0.11%～0.44%时，罗非鱼肝中棉酚含量由32.3 μg/g提高到132.1 μg/g。Blom等（2001）研究表明，成年虹鳟在6个月以上的时间内，用棉粕完全取代鱼粉，虹鳟生长和成活率相同，但成年雌鳟的繁殖性能降低了。

Rinchard等（2003）与Yue和Zhou（2008）的研究结果均表明，随着饲料中棉粕替代水平的升高超出鱼类的耐受范围，红细胞总数、血红蛋白含量、血细胞比容等血液生化指标都有下降趋势。Mbahinzireki等（2001）的研究中指出这种导致鱼类出现贫血的现象是鱼类对棉酚毒性的最常见生理变化之一。Herman（1970）发现，当饲料中游离棉酚在290 mg/kg以上时，虹鳟表现出生长抑制；当游离棉酚在531 mg/kg以上时，虹鳟的血细胞比容、血红蛋白含量和血浆蛋白比容等血液生化指标均显著下降；而游离棉酚含量为95 mg/kg时，鱼内脏器官组织发生了病理变化：肾小球底膜增厚，肝脏坏死并有蜡样沉积等。

当饲料中棉粕含量过高时，鱼类的生长受到抑制，且出现一系列生理变化，可能与游离棉酚在机体内的蓄积有关。曾虹等（1998）用醋酸棉酚含量分别为0、400 μg/g、800 μg/g、1 200 μg/g、1 600 μg/g、3 200 μg/g的饲料喂鲤鱼60天后，鲤鱼肝脏游离棉酚蓄积与饲料的棉酚浓度呈正相关，并随投喂时间延长而增加。饲料中棉酚浓度达到400 μg/g以上时，鲤鱼生长明显受到抑制，饲料转化率降低，但成活率未受影响。

环丙烯脂肪酸对鱼类的影响主要表现在抑制生长、肝损害和肝中糖原沉积增加（Jones，1987）。Chikwem（1987）的研究表明，饲料中的环丙烯脂肪酸会降低氨基酸的利用，投喂含300 mg/kg环丙烯脂肪酸饲料与对照组（50 mg/kg）相比，其赖氨酸利用受到限制。赵顺红和张文举（2007）认为，目前棉粕生产普遍推行预榨浸出工艺，残油含量已从5%～8%下降至0.5%～3.8%，相应的环丙烯脂肪酸含量则下降至0.002%～0.017%，通常不会对鱼类生长性能造成较大危害。

（2）棉粕蛋白中氨基酸平衡性。

水产动物对蛋白质的需求主要是对各类氨基酸的需求。因此，饲料中氨基酸的组成在很大程度上决定了该饲料的营养价值。鱼粉中各必需氨基酸含

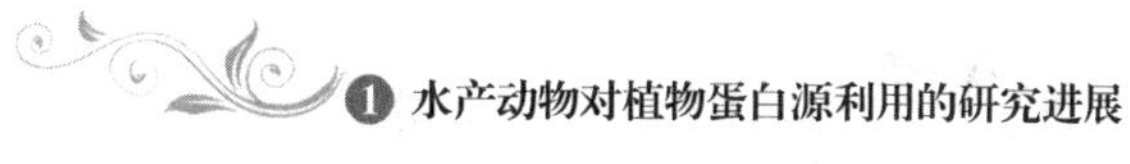

量较高，种类齐全，氨基酸之间的配比与水产动物需求比例相似。因此，鱼粉成为饲料工业中的优质蛋白源。与鱼粉相比，棉粕蛋白的必需氨基酸含量较低，缺乏某种或某几种必需氨基酸，其中蛋氨酸和赖氨酸为最主要的限制性氨基酸（Hasan et al.，1997；Bautista-Teruel et al.，2003）。饲料中氨基酸含量的高低和组合并不能完全反映饲料的营养价值。由于水产动物对各种氨基酸的吸收率也是决定其营养价值的重要因素。通常情况下水产动物对棉粕中氨基酸的消化率低于对鱼粉中氨基酸的消化率，这与其中的抗营养因子含量以及加工方式密切相关。

现阶段普遍采用的高温蒸炒压榨工艺使棉籽蛋白中的赖氨酸与棉酚、还原糖发生美拉德反应，从而封闭了赖氨酸的 $\varepsilon-NH_2$，这种封闭了 $\varepsilon-NH_2$ 的赖氨酸所在支链不能被胰蛋白酶分解，因而这种赖氨酸对水产动物是无效的，尤其是棉酚与赖氨酸发生的美拉德反应大大降低棉籽饼粕中赖氨酸的有效性，限制了其在饲料中的作用，所以用棉粕替代豆粕作为饲料中的蛋白源时，一般都会添加一定量的赖氨酸。

当饲料中棉粕的添加量逐渐升高时，氨基酸的不平衡性表现得越来越明显，对生长的抑制作用也越来越显著。在一定的添加范围内，在饲料中添加不同种植物蛋白源，通过蛋白质互补的作用可提高饲料的必需氨基酸指数（EAAI），使饲料中的氨基酸配比更趋合理，更适合于水产动物的需求，因而还会起到促进生长的作用。但棉粕中赖氨酸的量不足，为限制性氨基酸。与斑点叉尾鮰氨基酸需要量相比，豆粕能满足水产动物对所有必需氨基酸的需要，但棉粕中赖氨酸含量仅能满足斑点叉尾鮰需要量的59%。

3. 饲料中不同水平棉粕对水产动物内脏器官的影响

棉酚的毒性主要是因为游离棉酚含有活性基团——醛基和羧基。棉酚对哺乳类与鸟类的毒性作用已有较多报道。大多反刍动物对棉籽饼（粕）有一定的耐受性（刘志祥，2000；万发春等，2003），但单胃动物对游离棉酚比较敏感（李艳玲等，2005；高振华、李世杰，1997）。对猪因棉籽饼中毒后的病理切片观察结果表明，猪的肝小叶增生，部分肝小叶中心坏死，肝索断裂，肝细胞轮廓不清，窦状隙扩张且内有红细胞，肝细胞出现空泡，个别细胞核破裂（冷青文、王晓宇，1999）。

由于棉酚从动物体内排出周期较长。游离棉酚可在鱼体内蓄积，引起组织病变，导致中毒。鱼类饲料中游离棉酚含量达到一定水平，可使鱼的生长延缓，内脏器官组织发生病理变化。目前，已有研究表明鱼肝脏游离棉酚蓄积与饲料棉酚浓度呈正相关，并随投喂时间延长而增加（曾虹等，1998；任维美，2002）。

棉酚被摄入后在体内各器官中的分布不均，肝含量最多，其次是胆汁、血清和肾。Dorsa 等（1982）研究发现，当斑点叉尾鮰饲料中游离棉酚含量增加到0.12%时，鱼类生长率显著下降，且鱼体肝、肾及肌肉中游离棉酚含量增加。吉红（1999）研究发现，饲料含游离棉酚 95 mg/kg 时，虹鳟体内就有明显的病理变化（肾小球基膜变厚，肝坏死并有蜡样沉积）。Roehm 等（1967）用游离棉酚含量为 1 000 mg/kg 的日粮饲喂虹鳟幼鱼时，幼鱼肝内沉积的游离棉酚最多，而肌肉中游离棉酚含量最少。且由于肝糖原沉积，肝出现坏死病灶，前肾有色素沉积。各种鱼对游离棉酚的耐受性各不相同，虹鳟饲料中游离棉酚达 95 mg/kg 时，就已引起内脏组织病变，出现坏死并有蜡样沉积，肾小球基膜组织增生等（Herman，1970）。以上研究结果表明：游离棉酚对鱼类肝脏的影响较大，游离棉酚会在肝中积累，达到一定量时引起肝组织结构变化。而醋酸棉酚含量为 720 mg/kg 的试验饲料对异育银鲫肝、肠组织的结构没有明显的影响，异育银鲫对醋酸棉酚有较强的耐受力。侯红利（2006）研究了棉粕对鲤鱼的肝、肾脏的毒性作用，认为棉粕完全替代豆粕时，对鲤鱼（起始体重 4.23 ± 0.36 g）的肝有明显毒性作用，但对肾的毒性作用不明显。同时，饲料中棉粕含量过高时，对鱼类肠道组织结构有破坏作用。当棉粕替代比例超过30%时，黑鲷幼鱼的前、中肠肌层厚度和褶皱高度均有不同程度的减小（杨彬彬等，2015）。

1.3 与草鱼消化、抗氧化及炎症相关基因的研究概况

营养物质或其成分被动物摄食后在体内发挥广泛的生理功能，营养物质的不平衡或其抗营养因子会导致动物出现一系列的生理变化，如某种酶活性的下降或升高；或某些受体表达量的升高或减少，在分子水平表现为某些基因的关闭、开放或表达量发生变化。阐明这些表达发生变化的基因结构及其调控机制，将有利于揭示营养物质的功能及其调控机制。

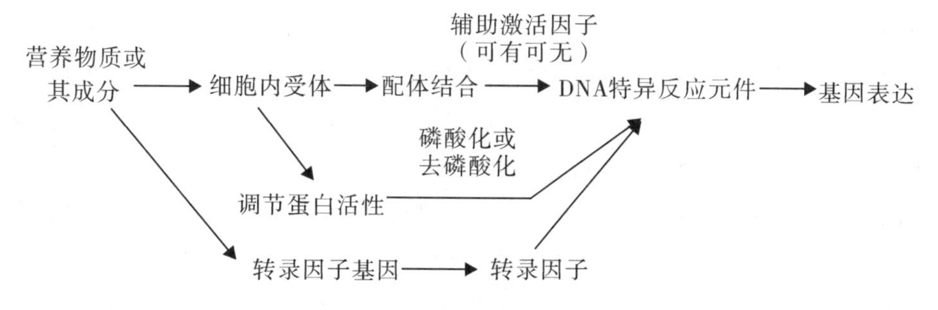

图 1.11 营养物质或其成分对基因表达的调控过程

饲料中的营养物质或其成分可作为信号分子，作用于细胞表面受体或直接作用于细胞内受体，从而激活细胞信号传导系统，并与转录因子相互作用，从而改变转录速度和特定 mRNA 的浓度来激活基因表达或直接激活基因表达，从而影响水产动物的生长代谢。大多数水产饲料的营养素或其成分对基因表达的调控是通过细胞内受体途径实现的（见图 1.11）。

1.3.1 水产动物消化酶及其基因的研究概况

消化酶是消化过程中具有独特功能的物质，它催化大分子的营养物质成小分子从而有利于吸收。因此，研究消化酶有助于了解鱼类怎样利用饲料中的营养物质，以及当饲料成分发生变化时，鱼类能作出何种程度的反应（田丽霞、林鼎，1993）。鱼类摄食后，饲料的营养成分构成消化酶的作用底物，会影响到消化酶的分泌和活性。

鱼类对营养物质的消化能力取决于消化酶的活性，而消化酶的活性主要受外部、中心和局域三个方面因素影响，其中外部因素主要指食物及鱼的摄食行为等对消化道黏膜的刺激，从而引起对吸收细胞的营养控制作用（尾崎久雄，1983）。目前，国内外学者对青鱼（*Mylopharyngodon piceus*）（孙盛明等，2008）、黄鳝（*Monopterus ablus*）（杨代勤等，2003）、胡子鲶（*Clarias fuscus*）（Uys、Hecht，1987）、军曹鱼（*Rachycentron canadum*）（杨奇慧等，2008）等的研究表明，鱼类摄入食物不同，对体内消化酶分泌有较大的影响，消化道内存在的食物种类与鱼类各消化组织、器官消化酶的分泌数量及种类有一定相关性。

关于鱼类淀粉酶酶促反应和酶动力学方面的研究，淀粉酶活性与鱼类食性、季节变化、生长、分布的研究已有报道（陈春娜，2008）。对黑鲷（*Sparus macrocephlus*）（卓立应，2006）、草鱼（黄耀桐、刘永坚，1988）和黄鳝

（杨代勤等，2003）的研究发现，鱼类蛋白酶的分泌和活性大小与所摄取的食物性质和数量有关。以红鱼粉为饲料蛋白源，配制成蛋白含量为31.04% ~ 50.33%的五种饲料投喂翘嘴红鲌，其肠道蛋白酶活性随着饲料蛋白水平提高而显著增强（$p<0.05$）（钱曦等，2007）。李金秋等（2005）的研究表明，随着饲料中能量蛋白比的增加，牙鲆胃肠道脂肪酶活性呈现出增强的趋势；在饲料中同一淀粉水平下，不同能量蛋白比的变化，未引起肠道淀粉酶活性呈现规律性变化；在饲料中同一蛋白水平下，能量蛋白比的变化，并未引起肠蛋白酶活性呈现规律性的变化，但是对饲料中蛋白水平在46% ~52%，胃蛋白酶活性有随着能量蛋白比的升高而增强的趋势。

目前，关于鱼体中消化酶的基因表达及调控机理的研究报道还较少。Evelyne等（1994）认为淀粉酶的合成在转录水平进行调节机理。王纪亭等（2009）在奥尼罗非鱼饲料中添加0.01%和0.02%非淀粉多糖酶时，对肝胰脏α-淀粉酶mRNA表达无影响，但当添加量较高时（0.04%）将抑制其表达。Muhlia-Almazán等（2003）认为，南美白对虾消化道中蛋白酶活性受胰腺中蛋白酶基因表达量调节。刘文斌和王恬（2006）研究了棉粕蛋白酶解物对异育银鲫胰蛋白酶mRNA表达量的影响，结果表明，胰蛋白酶mRNA表达水平随棉粕酶解产物添加梯度提高而相应提高。

1.3.2 水产动物抗氧化相关酶基因的研究概况

在水产集约化养殖中，水产动物面临着大量的应激，如营养、环境、代谢等的激烈变化，容易诱发疾病，甚至死亡。饲料的营养物质及其抗营养因子影响水产动物的健康状况，水产动物的健康状况反过来影响饲料的营养需要量。因此，营养与分子免疫学日益成为水产动物分子营养学的研究热点。

需氧生物在氧化还原循环中往往产生大量的超氧阴离子自由基（$O_2^{\cdot -}$）、羟自由基（$^{\cdot}OH$）、过氧化氢（H_2O_2）等活性氧簇（Reactive Oxygen Species，ROS），并被认为是导致氧自由基细胞毒性的主要因素（Buetler et al.，2004）。此外，酶促反应、电子传递及小分子自身氧化等细胞正常的代谢过程也会产生活性氧。活性氧是自由基的重要组成部分，少量的自由基是生物体所必需的，它们作为第二信使，对信号传导起重要的作用，影响基因的表达。但是自由基的性质极为活泼，过多的自由基如果不能被及时清除，它们将会攻击各种生物大分子，引起DNA损伤、酶失活、脂质过氧化等一系列氧化损伤，进而引起生物体各种生理病变（Li et al.，2001）。

生物体在长期的进化过程中，形成了一套完整的保护体系——抗氧化系统来清除体内多余的活性氧。抗氧化系统包括非酶类抗氧化剂和酶类抗氧化剂。非酶类抗氧化剂，主要有维生素 E、维生素 C、谷胱甘肽、一氧化氮、β－胡萝卜素等；酶类抗氧化剂主要有抗氧化酶，包括超氧化物歧化酶（superoxide dismutase，SOD）（EC l. 15. 1. 1）、过氧化氢酶（catalase，CAT）（EC l. 11. 1. 6）和谷胱甘肽过氧化物酶（glutathione peroxidase，GSH－Px）（EC l. 11. 1. 9）。它们是机体抗氧化系统的重要组成部分，是对抗机体正常代谢或外源刺激引起的氧化应激主要成员之一。SOD 在清除活性氧反应过程中第一个发挥作用，它将超氧阴离子自由基快速歧化为过氧化氢和分子氧；过氧化氢在 CAT 和 GSH－Px 的作用下转化为水和分子氧。因此，SOD、CAT 和 GSH－Px具有清除氧自由基、保护细胞免受氧化损伤的作用。

当组织中产生与除去自由基失去平衡时，机体处于氧化应激状态（Kelly et al.，1998）。由于抗氧化系统与生物体的免疫力密切相关，其各成分的活性或含量的变化往往与某些疾病有关，因此对于抗氧化系统中主要酶类基因的研究日益受到重视（张克烽等，2007）。一些研究表明，抗氧化酶可作为应激或免疫反应生物标记（stress-and immune-response biomarkers），通过测定相关酶活性及基因转录 mRNA 水平，来评估动物包括鱼类的健康压力（Sagstad et al.，2007；Tovar-Ramírez et al.，2010）。

1. 3. 2. 1　谷胱甘肽过氧化物酶

谷胱甘肽过氧化物酶（GSH－Px）是机体内广泛存在的一种重要的过氧化物分解酶。它是生物机体内抗氧化防御系统的重要组成部分，能催化还原型谷胱甘肽（GSH）转变为氧化型谷胱甘肽（GSSG），消除机体内过氧化氢及脂质过氧化物，阻断活性氧自由基（reactive oxygen species，ROS）对机体的进一步损伤，从而保护细胞膜的结构及功能不受过氧化物的干扰及损害（Arthur，2000）。GSH－Px 是一个多酶家族的统称，根据其亚细胞定位、催化底物及氨基酸序列等的差异，GSH－Px 可分为七种亚型。而该七种亚型 GSH－Px 又可根据其是否含有硒代半胱氨酸（Sec）分为含 Sec 的四个亚型与无 Sec 的三个亚型。其中四个含 Sec 的 GSH－Px 包括胞浆谷胱甘肽过氧化物酶（cytosolic GSH－Px，GSH－Px1），也有研究者称为典型或细胞 GSH－Px（classical or cellular GSH－Px）、胃肠谷胱甘肽过氧化物酶（gastrointestinal

GSH - Px，GSH - Px2）、血浆谷胱甘肽过氧化物酶（plasma GSH - Px，GSH - Px3）和磷脂氢谷胱甘肽过氧化物酶（phospholipid-hydroperoxide GSH - Px，GSH - Px4）（Arthur，2000；张克烽等，2007；何珊等，2007）。

目前，NCBI 已登录了多种生物的 GSH - Px cDNA 序列，哺乳动物如猪（*Sus scrofa*）（NM_214201）、牛（*Bos taurus*）（NM_174076）、马（*Equus caballus*）（NM_001166479）的 GSH - Px1 cDNA 序列。在鱼类中，也有数种鱼如鲢（*Hypophthalmichthys molitrix*）（EU108012）、斑马鱼（*Danio rerio*）（NM_001007281）的 GSH - Px1 cDNA 的报道。何珊等（2007）克隆了鲢、鳙（*Aristichthys nobilis*）、草鱼部分核心序列 263bp，认为鲢、鳙鱼对微囊藻毒素的强耐受能力可能与抗氧化基因的表达水平有关。Li 等（2005）克隆了草鱼 GSH - Px 的部分核心与 3' RACE 序列（EU108013），并进行了序列及肝组织表达分析。

1.3.2.2 超氧化物歧化酶

1938 年 Mann 和 Keilin 从牛的血细胞中分离出血 Cu 蛋白。1969 年，McCord 和 Fridovich 发现血 Cu 蛋白具有将超氧阴离子催化成过氧化氢的功能，并正式命名为超氧化物歧化酶（SOD）。它是广泛存在于生物体内各个组织的重要金属酶，是唯一能够特异性清除超氧阴离子自由基的抗氧化酶，平衡机体的氧自由基。超氧化物歧化酶以多个常见形式存在：它们以铜和锌，或锰、铁，或镍作为辅因子。目前，根据辅基部位结合的不同金属离子可将 SOD 分为六种：*Cu/Zn - SOD* 基因、*Mn - SOD* 基因、*Fe - SOD* 基因、*Ni - SOD* 基因、*Mn/Fe - SOD* 基因和 *Fe/Zn - SOD* 基因。*Cu/Zn - SOD* 基因主要存在于真核生物细胞中，包括各种动物与植物，少数原核细胞中也有存在［如光合细菌（*Photobacter leiognathi*）、假单胞菌（*Pseudomonas diminuta*）等］（张克烽等，2007）。*Mn - SOD* 基因主要存在于线粒体中，在甲壳类动物的细胞质中也有存在（Cheng et al.，2006）。*Fe - SOD* 基因主要存在于原核生物和某些植物的叶绿体中。*Ni - SOD* 基因（Youn et al.，1996；Kim et al.，1996）、*Mn/Fe - SOD* 基因（Amo et al.，2003）和 *Fe/Zn - SOD* 基因（Kim et al.，1996）目前已经分别在链霉菌（*Streptomyces spp.*）及天蓝色链霉菌（*Streptomyces coelicolor*）中发现。

1.3.2.3 过氧化氢酶

过氧化氢酶（CAT）是一类广泛存在于动物、植物和微生物体内的末端氧化酶，其功能是催化细胞内过氧化氢分解，防止膜脂质过氧化（Tavares-

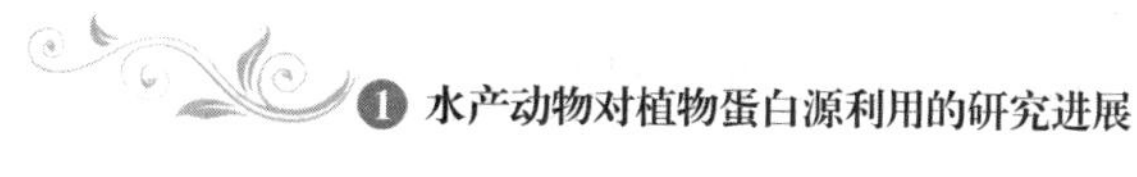

Sanchez et al. , 2004；刘冰、梁婵娟，2005）。过氧化氢酶若按不同理、化特性，可分为典型性 CAT、非典型性 CAT 和 CAT－过氧化物酶（catalase-peroxidases，CAT－POD）。若按催化中心结构差异可分为两类：①含铁卟啉结构 CAT，又称铁卟啉酶。典型性 CAT 和 CAT－POD 属于此类。②含锰离子代替铁的卟啉结构，又称为锰过氧化氢酶（MnCAT）。非典型性 CAT 属于此类（张闻、罗勤慧，2000）。

目前已克隆和分析了多种脊椎动物如褐家鼠（Nakashima et al. , 1989）、人（Quan et al. , 1986）、斑马鱼（Gerhard et al. , 2000）等的 CAT 基因 cDNA。无脊椎动物如九孔鲍（*Haliotis diversicolor supertexta*，DQ855089）、日本盘鲍（*H. discus discus*，DQ530211）、红鲍（*H. rufenscens*，DQ087487）、大西洋舟螺（*Crepidula fornicata*，DQ087480）、紫海胆（*Strongylocentrotus purpuratus*，AY580287）等物种中的 CAT 基因 cDNA 也已在 NCBI 登录。Tavares-Sanchez 等（2004）克隆了凡纳滨对虾的 CAT 基因 cDNA（AY518322），其核苷酸序列全长是 1 692bp，编码序列是 1 515bp，编码 505 个氨基酸。

1.3.3 过氧化物酶体增殖物激活受体（PPARs）的研究概况

过氧化物酶体增殖物激活受体（peroxisome proliferators-activated receptors，PPARs）是一组具有复杂功能的核受体超家族成员，由 Issemann、Green 于 1990 年首次发现（Issemann and Green，1990）。PPARs 有三种亚型，即 PPARα、PPARβ 和 PPARγ。PPARs 与视黄酸 X 受体（RXR）形成杂二聚体，结合到靶基因启动子区特异反应元件 PPRE 上，调控许多参与细胞内外脂类代谢的目的基因表达，尤其是编码 β 氧化过程中一些重要酶类的基因，另外 PPARs 也参与脂肪细胞的分化，同时在脂代谢、糖稳态、炎症反应、细胞反应、细胞分化与凋亡等许多生理反应的调节中发挥着重要作用（徐静、王建春，2009）。PPARs 蛋白主要由四个结构域组成：A/B 区，即 N 端结构域，也称为激活功能域（AF－1）；C 区，即 DNA 结合域；D 区，即铰链区；E 区，即配体结合域（AF－2）（如图 1. 12 所示）（赵攀等，2009）。

	A/B	C	D	E	
N	激活功能域（AF－1）	DNA结合域	铰链区	配体结合域（AF－2）	C

图 1. 12　PPARs 蛋白结构及功能分区示意图

注：资料来源于赵攀等（2009）。

1.3.3.1　PPARs 的基因结构与功能分区

三种 PPARs 亚型是不同基因的编码产物，具有不同的组织分布和功能。人的 PPARα 主要表达在肝脏、骨骼肌、棕色脂肪组织、心脏、血管和一些免疫细胞中，它在脂质代谢中起着关键的调节作用，并参与血压调节和血管炎症等过程。PPARβ 在体内广泛分布，现有的研究表明它和脂质代谢、骨代谢、肿瘤、生殖、脑发育及炎症等有关。PPARγ 主要表达在棕色和白色脂肪组织、结肠、脾脏、视网膜血管和免疫细胞中。一方面，PPARγ 通过与相应靶基因启动子上的 PPRE 结合，激活靶基因（包括脂质转运和储存、细胞分化和免疫调节的基因）转录。另一方面，PPARγ 活化后通过干扰核转录因子 - κB（NF - κB）、活化蛋白 - 1（AP - 1）、转录活化因子 - 1（ST - T）信号转导途径，在转录水平抑制某些促炎介质的基因转录（Ricote et al.，1998）。

1.3.3.2　PPARs 发挥生物学功能的作用模式

PPARs 与另一个核受体 RXRα 形成异源二聚体，通过结合到靶基因启动子区的特异反应元件 PPRE（ PPAR responsive element）上，调控靶基因转录。研究表明 PPARs 的靶基因在能量和脂质代谢、胰岛素敏感性及炎症调控中发挥了重要作用。PPARs 可以通过配体依赖的转录调控抑制核转录因子 - κB（NF - κB）、信号转导子和转录激活子（STAT）、CREB 结合蛋白（C/EBP）和活化蛋白 - 1（AP - 1）等表达来抑制细胞因子的表达及分泌，阻断炎症细胞的黏附和迁移，并减弱血管收缩和血栓形成，从而在抗炎、抗增殖及抗动脉粥样硬化过程中发挥重要作用。另外，许多辅助激活因子和辅助抑制因子参与了 PPARs/RXRα 异源二聚体的结合，激活或抑制转录活性。

PPARs 的作用模式主要有两种：①配体依赖的转录激活模式：当有特异性配体结合 PPARs 时，辅助抑制因子发生泛素化并被降解，辅助激活因子包括类固醇受体辅助活化因子 - 1（SRC - 1）和 PPAR 结合蛋白（PBP）被吸引并结合到 PPARs/RXRα 异源二聚体上，激活下游靶基因。PPARs 主要通过配体依赖的转录激活机制，调节靶基因的转录活性。②配体非依赖的转录抑制模式：在缺乏特异性配体的情况下，PPARs/RXRα 异源二聚体结合到靶基因的 PPRE 上，同时吸引许多包含组蛋白脱乙酰基酶活性的辅助抑制因子，如核受体辅助抑制因子（NCoR）、B 细胞淋巴瘤 - 6（Bcl - 6）等，使靶基因处于失活状态，无法正常转录（如图 1.13 所示）（Ruan et al.，2008）。

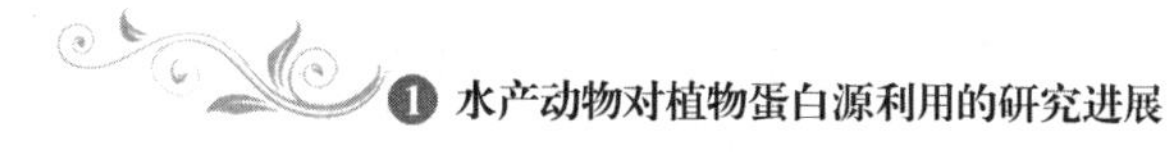

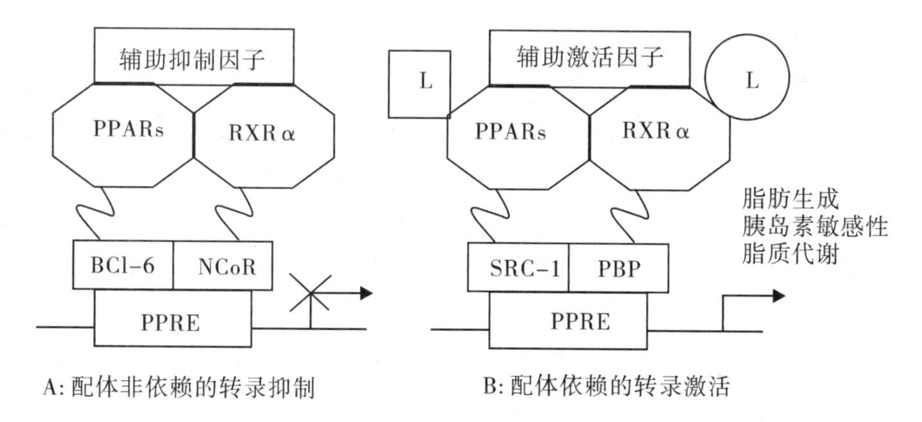

图 1.13　PPARs 两种作用及作用模式示意图

注：资料来源于赵攀等（2009）。

到目前为止，已克隆了多种动物包括鱼类的 PPARα 基因的 cDNA 序列。其中鱼类有卵形鲳鲹（*Trachinotus ovatus*，KP893147）（方玲玲等，2015）、虹鳟（*Oncorhynchus mykis*，HM536190）、金头鲷（*Sparus aurata*，AY590299.1）、军曹鱼（*Rachycentron canadum*，EF680883.1）、花鲈（*Lateolabrax japonicas*，KM502870.1）、大黄鱼（*Larimichthys crocea*，KF998577.1）等 PPARα 基因的 cDNA 序列。

1.3.3.3　PPARs 在炎症中的作用研究

炎症是具有血管系统的活体组织对损伤因子发生的防御反应。许多炎症的反应过程是由一系列内源性因子介导实现的，这类物质主要包括炎症因子如 TNF-α、IL-1、IL-6 等，脂质介质和类花生四烯酸类物质如前列腺素、白细胞三烯、脂氧素等（李杰、阎伟，2009）。三种 PPARs 亚型均可参与炎症反应调节，它们在调节炎症反应的程度、炎症持续的时间及炎症反应的后果方面存在差异，这主要是由于各自不同的组织表达分布和功能（赵攀等，2009）。

在哺乳动物中，PPARs 介导的转录抑制活性从多方面控制免疫系统的功能，可以影响 T 细胞、巨噬细胞及 B 细胞、DC 细胞。研究显示 PPARs 配体如噻唑烷二酮类对自身免疫性炎症性肠病的小鼠模型（Dubuquoy et al.，2000）、Ⅰ型糖尿病动物模型（Takamura et al.，1999）均有抗炎活性，使自身免疫反应减轻和延缓病情的进展。

1. PPARα 与肝脏炎症反应

研究表明，PPARα 的活化能抑制与炎症反应相关基因的转录，从而抑制炎症反应的发生和发展。NF－κB 是真核细胞基因转录中重要的调控因子，是多种细胞因子基因表达的枢纽，活化的 NF－κB 使多种细胞因子，如IL－1、IL－6、IL－10、TNF－α 等 mRNA 呈过量表达，而细胞因子又可反作用于 NF－κB，形成正反馈级联反应，导致组织炎症的发生和发展。PPARα 可以在细胞水平与 NF－κB 相互作用，通过抑制 NF－κB 亚单位 RelA/p65 的转录活性，抑制 NF－κB 的信号转导，调控炎症因子的表达，从而抑制局部的炎症反应（Neuschwander-Tetri and Caldwell，2003）。PPARα 的缺乏或表达受抑，可引起一系列与肝内脂肪酸代谢有关的蛋白质、酶基因的转录水平降低，使脂肪酸在肝脏的氧化减少，脂蛋白合成代谢障碍，肝细胞内出现脂肪沉积及炎症反应，从而导致脂肪性肝病的发生和发展（Reddy，2001）。

Delerive 等（2000）阐述了 PPARα 的抗炎机制：PPARα 是通过与激活蛋白－1（activator protein－1，AP－1）和 NF－κB 的双向拮抗作用而对炎症反应呈负调控；PPARα 的配体可诱导 NF－κB 抑制蛋白 α 的表达，从而抑制 NF－κB DNA 的结合，导致 p65 介导的基因表达显著减少，从而抑制 NF－κB 的活性；另外，PPARα 与激动剂结合后，通过影响 JNK-Fos/Jun 信号转导途径来抑制炎症反应的下游相关基因的表达。Kon 等（2002）的研究表明，PPARα 配体（共价匹格列酮）可抑制炎性因子释放、阻止泡沫细胞的形成及阻止脂蛋白沉积，预防类趋化因子配体 4 引起的肝脏炎症、坏死，并可以剂量依赖形式抑制体外原代培养的肝星状细胞表达 α－平滑肌肌动蛋白和 I 型胶原前体，预防早期肝纤维化。可见，PPARα 的缺乏或表达受抑可以促进炎症的发生、发展，与肝细胞的炎症、坏死关系密切。

针对 PPARα 与脂肪性肝病的关系，Chittur 和 Farrell（2001）认为 PPARα 的持续活化在增强脂肪酸氧化能力的同时，也可以产生大量的过氧化氢（H_2O_2）以及活性氧簇，在单纯性脂肪肝的基础上发生脂质过氧化，促进脂肪性肝炎的形成和发展。金文君（2008）认为过氧化物酶体增殖物激活受体与脂肪性肝病有密切的关系。孙龙等（2007）研究了大鼠酒精性肝损伤中 PPARα mRNA 表达与氧化应激的关系，结果表明，与对照组比较，试验组大鼠 PPARα 的表达受抑制，随造模时间延长，其表达水平呈进行性降低，特别是在第 12、16 周时更为明显（$p<0.01$），血清 FFA（free fatty acids）水平、

肝组织中 MDA 含量明显增加，随造模时间延长更为明显；PPARα mRNA 表达与血清 FFA 水平、肝组织中 MDA 含量之间呈负相关（$p<0.05$），与肝组织中 SOD 活性呈正相关（$p<0.05$），表明 PPARα 表达与氧化应激关系密切，在酒精性肝损伤进程中具有重要作用。

2. PPARβ 与炎症反应

PPARβ 在体内广泛分布，参与调节体内多种与代谢和炎症相关疾病的病理生理过程。PPARβ 活性改变在多种组织的炎症发生过程中起着重要作用，同时还可以减轻肥胖、调节血脂紊乱及改善胰岛素抵抗等（赵攀等，2009）。在血管炎症疾病中，PPARβ 可以促进内皮细胞的存活、增殖和血管新生（范艳波、汪南平，2008）。Rodrǵuez-Calvo 等（2008）研究指出，脂肪细胞中 PPARβ 激活后会抑制 ERK1 /2 磷酸化途径，阻断 LPS 诱导的 NF－κB 激活，从而减少脂肪细胞中前炎症细胞因子的产生。Man 等（2008）在研究用 TPA 处理小鼠引发刺激性接触皮炎的模型中发现，与野生型疾病小鼠相比，PPARβ －/－小鼠对皮肤的炎症反应增加，且小鼠皮肤急性损伤后，与野生型疾病小鼠相比，PPARβ －/－小鼠出现通透性屏障修复障碍。

3. PPARγ 在炎症和免疫反应中的作用

Gilroy 等（1999）在大鼠胸膜炎模型上证实，PGD_2 与 15d－PGJ_2 作为 COX－2 的抑制剂，具有抗炎作用，揭示 PPARγ 参与调节炎症反应。进一步研究发现，用 15d－PGJ_2 或噻唑烷二酮类药物治疗后可抑制许多炎症介质的分泌（包括明胶酶－B、IL－6、TNF－α 与 IL－1β），同时减少可诱导型一氧化氮合成酶（iNOS）基因的表达。这表明 PPARγ 激动剂的抗炎作用，可能与拮抗核转录因子 NF－κB 和 AP－1 活性有关。Thieringer 等（2001）指出，15d－PGJ_2 及某些非激素抗炎药物均能显著抑制人外周血单核细胞因刺激而产生的 TNF－α 与 IL－6 的数量。Shiomi 等（1999）研究表明，PPARγ 在与其配体激动剂结合后，能抑制气道炎症中的白细胞在肺组织和气道上皮细胞的聚集而起到抗炎作用。Liang 等（2001）在鼠类的炎症模型中发现，PPARγ 的激动剂有明显的抑制白细胞聚集的作用。PPARγ 在炎症通路中通过影响上游基因与核因子的活性而起到调控作用，且对肺部的炎性疾病如哮喘、肺损伤、慢性支气管炎等的炎症反应起不同程度的抑制作用（姜鹏等，2005）。

2　棉粕替代豆粕对草鱼生长性能、血液指标及脏器结构的影响

棉粕是世界第二大植物蛋白源（仅次于豆粕），因其资源丰富、价格便宜，开发前景广阔。我国是棉粕生产的第一大国，棉粕年产量420多万吨。因此，开发利用棉粕对发展我国的水产养殖具有特别重要的意义。由于棉粕蛋白质含量高，品质良好，被应用于多种动物饲料中（高立海等，2004）。目前，已有不少关于棉粕应用于水产饲料的研究报道。在对虹鳟（*Oncorhynchus mykiss*）(Cheng and Hardy，2002；Lee et al.，2002；Rinchard et al.，2003)、斑点叉尾鮰（Robinson、Li，1994；Barros et al.，2002)、罗非鱼（*Oreochromis sp.*）(El-Sayed，1999；Mbahinzireki et al.，2001；Rinchard et al.，2002)、条石鲷（*Oplegnathus fasciatus*）（Lim、Lee，2009）和阳光鲈鱼（*Sunshine bass*）(Rawles and Gatlin，2000）的养殖试验研究表明，在饲料中添加一定量的棉粕，可被多种鱼类消化利用。

由于棉粕中含有棉酚和环丙烯酸等抗营养因子及赖氨酸、蛋氨酸含量较低，影响了其在水产动物饲料中的应用水平。当饲料中的棉粕添加水平过高时，会对鱼类产生毒害作用，如导致动物产生生长性能、血细胞比容和繁殖能力降低等不良生理反应（Rinchard et al.，2002；Barros et al.，2002)。游离棉酚不仅对鱼产生毒性，还可降低饲料中赖氨酸和铁的生物可利用性。刘修英等（2009）认为棉酚毒性及赖氨酸生物可利用性低可能是鱼生长率下降的重要原因。此外，棉粕粗纤维含量较高，还会降低饲料中蛋白质消化率。但与陆生单胃动物相比，水产动物对游离棉酚的耐受能力却强得多。棉酚是一种较强的天然抗氧化剂（Bickford et al.，1954)，其具有的生物活性已引起了众多研究者的关注（Yildirim et al.，2003)。Barros 等（2002）认为饲料中添加棉粕不影响斑点叉尾鮰血液指标，且还具有提高斑点叉尾鮰存活率及免疫力的功能。

棉酚在棉籽中是一种重要的脂溶性物质，可分为游离棉酚和结合棉酚。

游离棉酚与血中蛋白质、细胞膜或精子具有很高的亲和性（Royer and Vander Jagt，1983；Reyes and Benos，1988）。棉酚的这种特性容易导致细胞膜的主要结构与电化学的改变（Reyes and Benos，1988）。游离棉酚被鱼类摄食后，大部分转化为结合棉酚随粪便排出，小部分被吸收入体内蓄积于肝、肾等脏器或肌肉组织中。目前，已有研究表明鱼肝脏棉酚蓄积与饲料棉酚浓度呈正相关，并随投喂时间延长而增加（曾虹等，1998；任维美，2002）。

棉酚的毒性主要由游离棉酚中的活性基团——醛基和羧基所引起。棉酚对哺乳类与鸟类的毒性作用已有较多报道。大多反刍动物对棉籽饼（粕）有一定的耐受性（刘志祥，2000；万发春等，2003），但单胃动物对游离棉酚比较敏感（李艳玲等，2005；高振华、李世杰，1997）。侯红利（2006）研究了棉粕对鲤鱼的肝、肾脏的毒性作用，认为棉粕完全替代豆粕时，对鲤鱼（起始体重 4.23 ±0.36g）的肝有明显毒性作用，但对肾的毒性作用不明显。

目前，有关草鱼的营养与饲料研究已有大量的报道，但关于棉粕替代豆粕对草鱼的生长、体组成、血液指标及毒性作用等研究报道还较为鲜见。该试验以草鱼为试验对象，在其饲料中以棉粕替代豆粕，研究棉粕替代豆粕对草鱼生长性能、血液指标、棉酚残留量及脏器结构的影响，为草鱼饲料中合理添加棉粕提供理论依据。

2.1 材料与方法

2.1.1 试验饲料配制

试验Ⅰ：参照 NRC（1993）的营养标准，配制等氮等能饲料 4 组，棉粕的添加量分别为 0、16.64%、32.73% 和 48.94%，分别替代 0、35%、68% 和 100% 豆粕蛋白，分别称为 CSM0、CSM35、CSM68、CSM100 组（见表 2.1）。

试验Ⅱ：除了在试验组中添加一定比例的赖氨酸外，其他成分基本同试验Ⅰ，如表 2.2 所示。饲料原料经粉碎后过 60 目筛，混合均匀，用小型饲料颗粒机压制成直径为 2 mm 的颗粒饲料，在空气中自然风干，包装后置于冰柜中保存备用。饲料的营养成分及游离棉酚的实测值如表 2.2 所示。

表 2.1 试验 I 饲料组成和营养组成

内容（%）		试验饲料			
		CSM0	CSM35	CSM68	CSM100
棉粕替代豆粕的比率		0	35	68	100
成分	豆粕	48.00	31.80	16.00	0.00
	棉粕	0.00	16.64	32.73	48.94
	鱼粉	10.00	10.00	10.00	10.00
	次粉	31.20	31.20	31.20	31.20
	豆油	2.60	2.80	3.10	3.30
	磷酸二氢钙	2.00	2.00	2.00	2.00
	矿物质预混料①	0.50	0.50	0.50	0.50
	维生素预混料②	0.50	0.50	0.50	0.50
	氯化胆碱	0.20	0.20	0.20	0.20
	膨润土	3.00	2.36	1.77	1.36
	滑石粉	2.00	2.00	2.00	2.00
营养成分	水分	9.39 ±0.23	9.27 ±0.13	8.97 ±0.04	8.93 ±0.18
	粗蛋白（% DM）	35.29 ±1.39	35.85 ±2.20	35.21 ±1.16	35.86 ±1.76
	粗脂肪（% DM）	5.42 ±0.08	5.28 ±0.146	5.54 ±0.06	5.48 ±0.12
	游离棉酚（mg/kg）	0.00	69.87 ±5.29	136.54 ±8.14	205.83 ±8.17

注：表中数据用平均值 ± 标准差表示（mean ± SD，$n=3$）。

①矿物质预混料（mg /kg 饲料）：$ZnSO_4 \cdot 7H_2O$，150；$FeSO_4 \cdot 7H_2O$，40；$MnSO_4 \cdot 7H_2O$，25；$GuCl_2$，3；KI，5；$CoCl_2 \cdot 6H_2O$，0.06；Na_2SeO_3，0.08。

②维生素预混料（mg 或 IU/kg 饲料）：维生素 A，5 000IU；维生素 D_3，2 000IU；维生素 E，80IU；肌醇，400；维生素 C，50；维生素 K，10；维生素 B_1，10；维生素 B_2，5；维生素 B_6，10；泛酸，50；烟酸，120；生物素，1；叶酸，5；维生素 B_{12}，0.05。

表 2.2 试验Ⅱ饲料组成和营养组成

内容（%）		试验饲料			
		CSM0	CSM35	CSM68	CSM100
棉粕替代豆粕的比例		0	35	68	100
成分	豆粕	48.00	31.80	16.00	0.00
	棉粕	0.00	16.64	32.73	48.94
	鱼粉	10.00	10.00	10.00	10.00
	次粉	31.20	31.20	31.20	31.20
	豆油	2.60	2.80	3.10	3.30
	磷酸二氢钙	2.00	2.00	2.00	2.00
	矿物质预混料	0.50	0.50	0.50	0.50
	维生素预混料	0.50	0.50	0.50	0.50
	L-赖氨酸盐酸盐	0.00	0.15	0.30	0.50
	氯化胆碱	0.20	0.20	0.20	0.20
	膨润土	3.00	2.21	1.47	0.86
	滑石粉	2.00	2.00	2.00	2.00
营养成分	水分	9.21 ±0.43	9.30 ±0.12	9.04 ±0.25	9.18 ±0.55
	粗蛋白（% DM）	34.99 ±1.53	35.44 ±2.34	35.67 ±1.88	35.54 ±1.97
	粗脂肪（% DM）	5.49 ±0.18	5.18 ±0.34	5.38 ±0.55	5.49 ±0.34
	游离棉酚(mg/kg)	0.00	69.87 ±5.29	136.54 ±8.14	205.83 ±8.17

注：表中数据用平均值±标准差表示（mean ± SD，$n=3$）；矿物质预混料与维生素预混料组成与表 2.1 的相同。

2.1.2 试验动物饲养和管理

两批试验所用的草鱼鱼种均购自广东省梅州市水产研究所鱼苗场，暂养于室内水族箱中，投喂商业饲料（粗蛋白约 33%、粗脂肪约 5%），水源为曝气自来水。其中试验Ⅰ鱼苗的初体重约为 7.10g，暂养 2 周后，挑选健康、体格一致的草鱼 180 尾，随机分为 4 组，每组 3 个重复，每个重复 15 尾，养于 0.75m×0.5m×0.8m 的水族箱中。试验Ⅱ鱼苗的初体重约为 10.40g，暂养 2

周后，挑选草鱼120尾，随机分为4组，每组3个重复，每个重复10尾，养于与试验Ⅰ大小一致的水族箱中。两个试验处理组之间的初始体重均无显著差异。每天投喂2次，时间为8：00—9：00与16：00—17：00，日投喂率为体重的1%～3%，以饱食为准。每天早上清除箱内粪便，并换水1/3。仔细收集鱼池中所残留的饲料，干燥后称重，并在计算饲料系数时予以扣除。次第投喂记录投饲量、水温及鱼的数量，并观察鱼体活动是否正常。在养殖试验期间，不间断曝气增氧，水温为20℃～24℃。两个试验的饲养试验时间均为56d。

2.1.3 草鱼棉酚残留的检测及石蜡切片制作方法

2.1.3.1 试剂与仪器

试剂：苦味酸（2，4，6－三硝基苯酚）、甲醛、冰醋酸、无水乙醇、二甲苯、苏木色素（苏木精）、酸性品红（曙红水溶液）、碘酸钠、柠檬酸、水合氯醛、铵矾［$AlNH_4(SO_4)_2 \cdot 12H_2O$］、中性树胶，以上试剂均为分析纯，购自广州威佳科技有限公司。99.5%醋酸棉酚（购自上海融禾医药科技发展有限公司）。

仪器：Alliance2695高效液相色谱仪（购自美国Waters公司）。

2.1.3.2 方法

1. 高效液相色谱法测定草鱼肝胰脏中毒素的残留

采用高效液相色谱法（HPLC）（敖维平、曲明悦，2007；崔光红等，2002）测定草鱼肝胰脏中毒素的残留。

（1）色谱条件。

检测波长：235 nm；柱温：40℃；色谱柱：AtlantisDc 185 μm，4.6 mm×150 mm；色谱柱号：186001344；流动相：甲醇：磷酸溶液＝90：10；流速：1 mL/min；柱压：1 250 pis；进样体积：10 μL。

（2）棉酚标准溶液制备。

准确称取0.040 0 g棉酚纯品（含99.5%的醋酸棉酚），用无水乙醚溶解，定容至5 mL，此液相当于含棉酚800 μg/mL。然后用无水乙醇稀释至16 μg/mL，作为棉酚标准应用液，备用。

（3）肝胰脏样品的制备。

取样品研磨后放入带塞锥形瓶中，加入70%丙酮溶液25 mL，在室温条件下（20℃）恒温振荡 30 min，过滤并洗涤于 50 mL 的容量瓶中定容，过针式滤头，放入高效液相色谱仪，检测。

（4）棉酚色谱峰观察。

在上述色谱柱条件下，样品棉酚色谱中出现与标准品波形、出峰时间一样的峰（见图 2.1），为样品中游离棉酚的峰。

每克样品棉酚含量 =［（峰面积/标准样峰面积）×16 μg/mL ×（50 mL/10 μL）］/样品重量

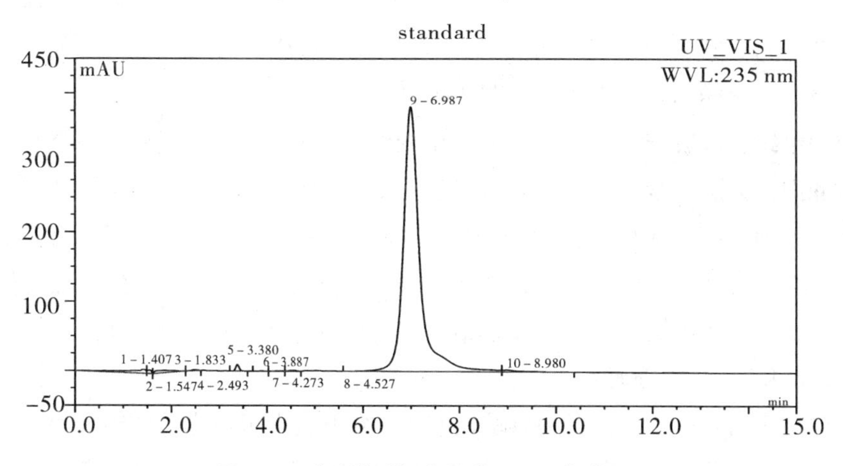

图 2.1　醋酸棉酚标准品的 HPLC 色谱图

2. 草鱼肝、肾、肠等器官的石蜡切片制作

鱼的各种组织分别采样，并固定于福尔马林中。然后，将其切成更小的块状。肝、脾、肾与心脏的大小约 4 mm^3，肠约 3 mm 长。常规脱水，石蜡包埋，切片机切片，苏木精—伊红染色，中性树胶封片，光学显微镜下观察组织细胞的形态及病理结构。

2.1.4 样品采集与分析方法

2.1.4.1 样品采集

试验Ⅰ：养殖试验结束，鱼禁食 1 天。①每一箱的鱼分别称重，计算鱼的增重、饲料系数及蛋白质效率。②每个水箱中随机取出 2 尾鱼，用 MS - 222 麻醉后，擦干体表水分，液氮冷冻后立即保存在 -80℃的冰箱中，以用于鱼体成分测定。③每个水箱随机取鱼 4 尾，用 MS - 222 麻醉，分别测量体重与体长，然后置于冰盘上分离出内脏并称量，以计算内脏比。④内脏称量后，快速分离出肝胰脏与肠道，快速置于液氮中冷冻，然后转移于 -80℃冰箱，用于酶活性及相关生化指标的测定。⑤每个水箱随机取 2~3 尾鱼，用 MS-222 麻醉，尾动脉采血，置于含肝素抗凝剂的 1.5 mL 离心管中，备用于鱼血液指标的测定。⑥每个水箱随机取 3 尾鱼，用 MS-222 麻醉，然后分离出小块肝脏（约 0.3g），并快速置于液氮中保存，备用于相关基因表达的研究。

试验Ⅱ：养殖试验结束，鱼禁食 1 天。①每一箱的鱼分别称重，计算鱼的增重。②每个水箱随机取 3 尾鱼，用 MS-222 麻醉，每尾鱼分别取出小块肝、肾、肠、脾与心组织，快速置于 10% 福尔马林中固定，用于石蜡切片制作。该五种组织取材位置为：肝胰脏取样方法为在其前端右侧截取约 5 mm^3 方形块的组织；脾脏与肾脏分别截取其中间约 5 mm^3 方形块；肠道用预冷的生理盐水冲洗，去除内含物后，在其距离肛门 5 cm 处截取长约 5 mm 的肠道（每尾鱼每一种组织的取材位置基本相同）。③每个水箱随机取 5 尾鱼，用 MS-222 麻醉，每尾鱼分别取出肝胰脏，并快速置于液氮中冷冻，然后转移于 -80℃冰箱，备用于高效液相色谱法测定肝胰脏组织中棉酚的残留。

2.1.4.2 样品分析方法

饲料原料及试验Ⅰ的鱼体样品均在 105℃下烘干至恒重。饲料和鱼体中营养成分含量的测定方法均采用国家标准法，即：粗蛋白采用凯氏微量定氮法（GB6432—86）；粗脂肪采用索氏提取法（GB/T15674）；含水量的测定采用 105℃恒温烘干法（GB/T 6435—2006）；标准品醋酸棉酚购自上海融禾医药科技发展有限公司，饲料中游离棉酚的测定方法采用间苯三酚法（敖维平、曲明悦，2007）。血液中红细胞总数、血红蛋白含量、红细胞平均体积与血细胞比容根据 Barros 等（2002）描述的方法测定。

2.1.5 计算公式及统计分析方法

增重率(Weight gain rate，WGR)=(终末均重 - 初始均重)/初始均重×100%

特定生长率（Specific growth rate，SGR）=［ln（终末均重）-ln（初始均重）］/饲养天数×100%

存活率（Survival rate，SR）=末尾数/初尾数×100%

脏体比（Viscerosomatic index，VSI）=内脏重量/鱼体体重×100%

肥满度（Condition factor，CF）＝鱼体重（g）/［体长（cm）］^{3}

饲料系数（Feed conversion ratio，FCR）＝饲料消耗量（g）/鱼体增重（g）

蛋白质效率（Protein efficiency ratio，PER，%）＝鱼体增重（g）×100/蛋白的摄入量（g）

所有数据采用“SPSS version 16.0”软件进行单因素方差分析（one-way ANOVA）和Duncan's多重比较，$p<0.05$表示差异显著。

2.2 结果

2.2.1 棉粕替代豆粕对草鱼生长性能及饲料利用的影响

试验Ⅰ棉粕替代豆粕对草鱼生长性能、饲料利用及存活率的影响见表2.3。由表2.3可知，在试验Ⅰ中，棉粕替代35%豆粕时（即当饲料中棉粕的含量为16.64%时），草鱼的增重率（WGR）、特定生长率（SGR）、存活率（SR）、饲料系数（FCR）和蛋白质效率（PER）($p>0.05$）与对照组相比无显著差异；但随着棉粕替代豆粕的比例增加（替代68%和100%豆粕），与对照组相比，草鱼WGR、SGR和PER显著降低，而FCR显著提高（$p<0.05$），且在饲养试验后期出现摄食量减少及少数死亡的现象。

表2.3 试验Ⅰ棉粕替代豆粕对草鱼生长性能及饲料利用及存活率的影响

	CSM0	CSM35	CSM68	CSM100
初体重IBW（g）	7.10±0.74	7.17±0.86	7.12±0.64	7.15±0.78
终体重FBW（g）	16.36±1.34[a]	17.03±1.19[a]	14.17±1.25[b]	13.40±0.93[b]
增重率WGR（%）	128.28±7.73[a]	129.81±13.17[a]	93.15±8.14[bc]	80.61±2.37[c]
特定生长率SGR（%）	2.44±0.05[a]	2.50±0.13[a]	1.88±0.11[bc]	1.67±0.03[c]
存活率SR（%）	100±0.00[a]	100±0.00[a]	96.58±1.48[b]	95.73±1.48[b]
脏体比VSI（%）	9.62±0.57	8.69±0.15	9.34±0.69	9.00±1.18
肥满度CF（g/g）	1.84±0.05	1.84±0.09	1.81±0.04	1.91±0.04
饲料系数FCR（g/g）	1.44±0.12[a]	1.48±0.08[a]	1.63±0.07[b]	1.65±0.11[b]
蛋白质效率PER（%）	1.97±0.12[a]	1.94±0.09[a]	1.73±0.08[b]	1.72±0.13[b]

注：表中数据用平均值±标准差表示（mean±SD，$n=3$）；同一行数据不同上标字母表示差异显著（$p<0.05$）。

试验Ⅱ棉粕替代豆粕对草鱼生长、存活率的影响见表2.4。由表2.4可见，在试验Ⅱ中，棉粕替代35%豆粕时，草鱼的终体重（FBW）与对照组相比无显著差异；但随着棉粕替代豆粕的比例增加，草鱼FBW显著降低（$p<0.05$）。同时，饲料中棉粕水平对草鱼的存活率没有影响，各组存活率均为100%。

表2.4 试验Ⅱ棉粕替代豆粕对草鱼生长及存活率的影响

	CSM0	CSM35	CSM68	CSM100
初体重IBW（g）	10.39±0.84	10.51±0.86	10.46±0.94	10.53±0.91
终体重FBW（g）	28.30±2.94[a]	28.46±2.63[a]	23.70±1.04[b]	22.76±2.06[b]
存活率SR（%）	100±0.00	100±0.00	100±0.00	100±0.00

注：表中数据用平均值±标准差表示（mean±SD，$n=3$）；同一行数据不同上标字母表示差异显著（$p<0.05$）。

2.2.2 棉粕替代豆粕对草鱼全鱼及肌肉组织常规组成的影响

在试验Ⅰ中，饲料中棉粕替代豆粕对草鱼全鱼及肌肉组成成分的影响见表2.5。由表2.5可见，棉粕替代豆粕对草鱼全鱼及肌肉的水分、粗蛋白、粗脂肪含量的影响均不显著（$p>0.05$）。

表2.5 试验Ⅰ棉粕替代豆粕对草鱼全鱼及肌肉组织常规组成的影响

单位:% DM

		CSM0	CSM35	CSM68	CSM100
全鱼	水分	71.14±0.25	71.03±1.65	73.43±0.40	72.30±0.56
	粗蛋白	54.27±2.81	57.40±2.46	59.10±3.44	57.43±3.10
	粗脂肪	38.23±1.25	37.10±2.49	36.50±2.51	34.40±1.87
肌肉组织	水分	77.04±2.31	76.47±2.54	75.05±3.13	76.16±3.10
	粗蛋白	83.01±2.34	83.15±0.98	84.06±2.39	85.43±4.12
	粗脂肪	14.91±0.97	13.71±1.02	13.65±0.71	13.34±0.88

注：表中数据用平均值±标准差表示（mean±SD，$n=3$）；同一行数据不同上标字母表示差异显著（$p<0.05$）。

2.2.3 棉粕替代豆粕对草鱼血液指标的影响

试验Ⅰ棉粕替代豆粕对草鱼血液指标的影响见表2.6。由表2.6可见，试验Ⅰ中棉粕替代豆粕对草鱼的血液指标有明显的影响。当棉粕替代豆粕水平为35%时，草鱼的红细胞总数、红细胞比容和血红蛋白含量均比对照组高，且差异显著（$p<0.05$）；当棉粕替代豆粕的水平进一步升高（为68%与100%）时，草鱼的RBC、HCT和HGB明显下降，其中CSM100组显著低于对照组及其他试验组（$p<0.05$）。

表2.6 试验Ⅰ棉粕替代豆粕对草鱼血液指标的影响

	CSM0	CSM35	CSM68	CSM100
红细胞总数 RBC（$\times 10^{12}$/L）	3.13 ± 0.27^{b}	3.75 ± 0.20^{a}	3.41 ± 0.30^{ab}	2.51 ± 0.29^{c}
红细胞比容 HCT（%）	37.80 ± 4.00^{b}	45.73 ± 5.25^{a}	37.63 ± 1.80^{b}	28.40 ± 2.10^{c}
血红蛋白含量 HGB（g/L）	96.50 ± 9.75^{b}	114.37 ± 8.48^{a}	110.98 ± 7.43^{ab}	77.21 ± 6.12^{c}

注：表中数据用平均值±标准差表示（mean ± SD，$n=3$）；同一行数据不同上标字母表示差异显著（$p<0.05$）。

2.2.4 棉粕替代豆粕对草鱼肝胰脏中游离棉酚残留的影响

试验Ⅱ棉粕替代豆粕对草鱼肝胰脏中游离棉酚残留的影响见表2.7。由表2.7可见，对照组、CSM35组和CSM68组草鱼肝胰脏中没有检出游离棉酚；但当棉粕完全替代豆粕时，CSM100组草鱼中每克肝胰脏组织含有游离棉酚24.23 ± 3.14 μg/g。可见，当饲料中棉粕部分替代豆粕时（棉粕含量为32.73%），由于草鱼具有一定的解毒能力，将游离棉酚有毒成分排出体外，饲料中游离棉酚没有在肝胰脏中残留；但当饲料中棉粕含量达48.94%时，超出了草鱼的解毒能力，导致游离棉酚在草鱼肝胰脏中蓄积。

表 2.7 试验Ⅱ棉粕替代豆粕对草鱼肝胰脏中游离棉酚残留的影响

	CSM0	CSM35	CSM68	CSM100
游离棉酚（μg/g）	0.00 ±0.00	0.00 ±0.00	0.00 ±0.00	24.23 ±3.14

2.2.5 棉粕替代豆粕对草鱼肝胰脏组织的影响

棉粕替代豆粕对草鱼肝胰脏组织的影响如彩插 1、图 2.2 所示，其中图 2.2 a、b（彩插 1A、B）为对照组的肝组织切片图。由图 2.2a（彩插 1A）可见，对照组大部分细胞排列较整齐，界线清晰，但也有小部分肝细胞出现病变。由图 2.2 b（彩插 1B）可见，肝组织中大部分细胞排列整齐，但也有小部分细胞染色较浅，体积较普通细胞大，且细胞内有小颗粒，表明这些细胞出现明显的水肿；同时，个别肝细胞的细胞核消失，表明细胞出现坏死；此外，在细胞间隙中出现红细胞，表明肝组织有瘀血现象。由此可见，对照组饲料中高水平的豆粕对肝组织也有影响，导致小部分肝细胞出现病变。

彩插 1C、D 和图 2.2 c、d 为 CSM35 组的肝胰组织切片图。由图 2.2 c（彩插 1C）可见，CSM35 组胰腺管的管壁细胞排列整齐，管壁无增生现象。由图 2.2 d（彩插 1D）可见，CSM35 组的细胞边界清晰，大部分细胞无肿胀现象；且脂肪及其他细胞无颗粒变性症状，细胞核无固缩和崩解等病理变化；但也有个别细胞的细胞核溶解，细胞出现坏死。图 2.2 c、d（彩插 1C、D）观察结果表明，棉粕替代 35% 豆粕对草鱼肝脏组织结构有轻微的影响。

彩插 1E 和图 2.2 e、f 为 CSM68 组的肝组织切片图。由图 2.2 e 可见，肝小叶中心有明显扩张，表明肝小叶中心出现坏死。由图 2.2 f（彩插 1E）可见，细胞排列不够整齐，细胞边界不清晰，部分细胞出现明显的水肿；同时，小部分肝细胞的细胞核溶解，表明细胞出现坏死；此外，在细胞间隙中出现红细胞，表明肝组织有明显瘀血现象。图 2.2 e、f（彩插 1E）观察结果表明，棉粕替代 68% 豆粕对草鱼肝脏组织结构有一定的影响，小部分细胞出现水肿、坏死及瘀血现象。

彩插 1F 和图 2.2 g、h、i、j 为 CSM100 组的肝组织切片图。由图 2.2 g 可见，CSM100 组肝组织的中央静脉管壁细胞排列不整齐，细胞出现空泡化。由图 2.2 h 可见，CSM100 组肝组织细胞排列凌乱，细胞边界不清晰，部分细胞出现明显的水肿；同时，脂肪及其他细胞出现许多颗粒变性症状，细胞核溶解，细胞坏死严重。由图2.2 i、j（彩插1F）可见，CSM100组肝组织的血管增生成多层，血管堵塞，内有不明成分，表明血管坏死。图2.2 g、h、i、j（彩插1F）的观察结果表明，当棉粕完全替代豆粕时，肝组织破坏严重，细胞水肿、坏死明显，且血管也出现增生与坏死现象。

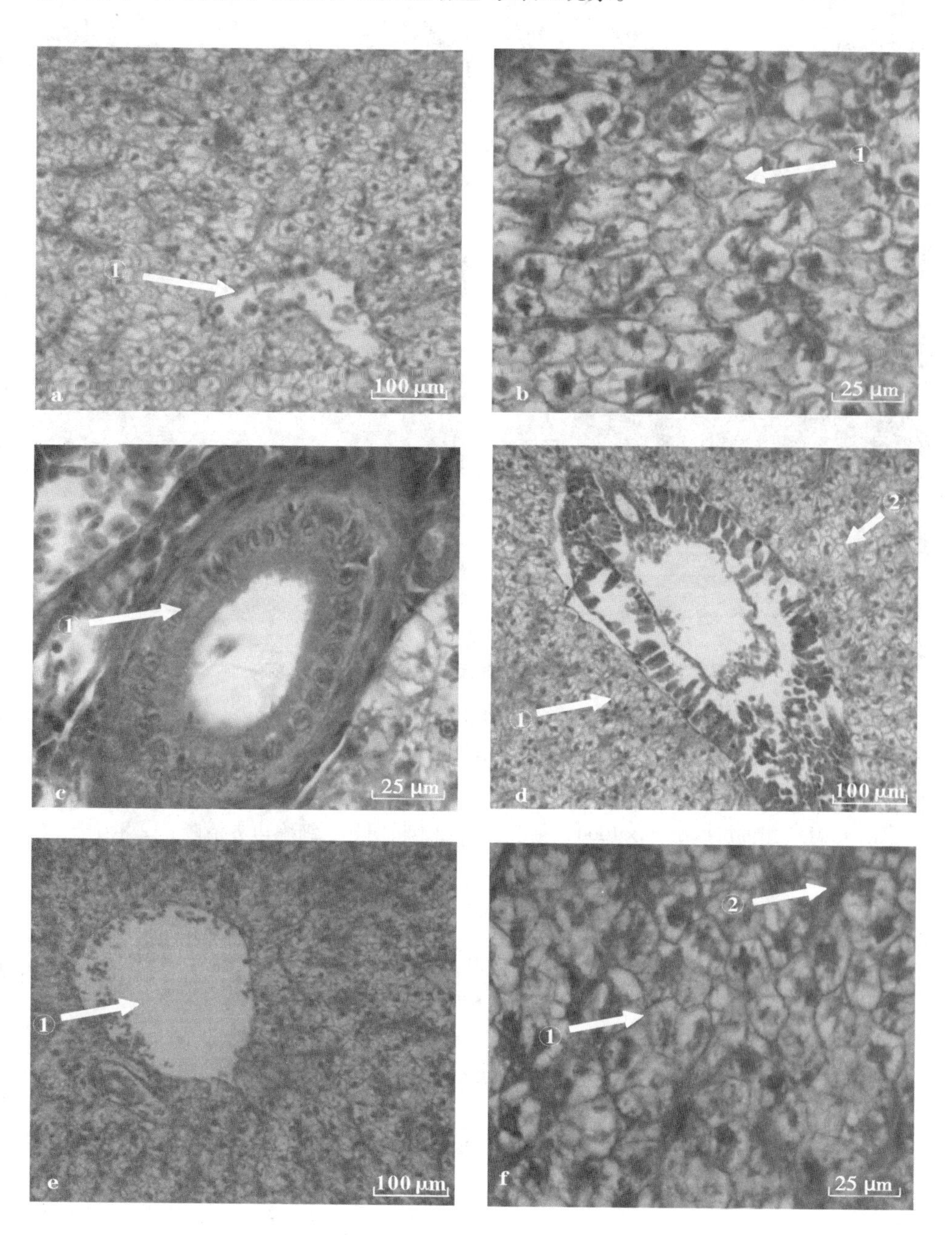

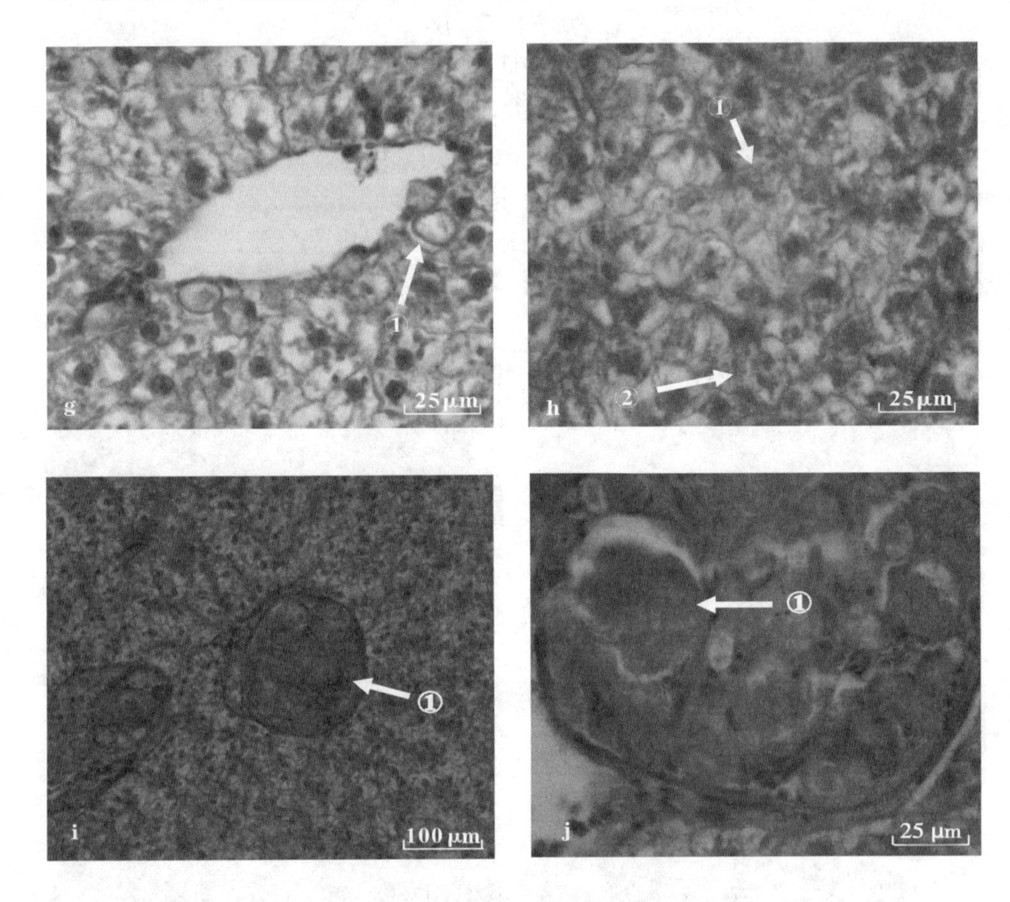

图 2.2　棉粕替代豆粕对草鱼肝胰脏组织的影响

a：CSM0 组的肝胰脏（×100），箭头①示肝小叶中央静脉。

b：CSM0 组的肝胰脏（×400），箭头①示细胞坏死。

c：CSM35 组的肝胰脏（×400），箭头①示胰腺管的管壁细胞排列整齐。

d：CSM35 组的肝胰脏（×100），箭头①示细胞核明显，细胞边界清晰；②示细胞核溶解，细胞坏死。

e：CSM68 组的肝胰脏（×100），箭头①示肝中央静脉明显扩张。

f：CSM68 组的肝胰脏（×400），箭头①示细胞核溶解；②示红细胞在肝细胞间隙中。

g：CSM100 组的肝胰脏（×400），箭头①示中央静脉管壁细胞排列不整齐，细胞出现空泡化。

h：CSM100 组的肝胰脏（×400），箭头①示细胞水肿；②示细胞的细胞核溶解，细胞排列杂乱。

i：CSM100 组的肝胰脏（×100），箭头①示血管坏死与增生。

j：CSM100 组的肝胰脏（×400），箭头①示血管内有不明成分。

2.2.6 棉粕替代豆粕对草鱼肾脏组织的影响

棉粕替代豆粕对草鱼肾脏组织的影响如彩插2、图2.3所示。其中图2.3 a、b（彩插2A、B）为对照组草鱼的肾组织切片图。由图2.3 a、b（彩插2A、B）可见，对照组草鱼的大部分肾小球与肾小管细胞排列整齐，界线清晰。但也有小部分区域出现褐色病灶，肾细胞出现坏死，表明对照组草鱼的肾脏组织结构有一定的影响，小部分细胞出现坏死。

彩插2C、D和图2.3 c、d为CSM35组的草鱼肾组织切片图。由图2.3 c、d（彩插2C、D）可见，CSM35组的草鱼肾脏的肾小球与肾小管细胞排列整齐，无病理变化症状发生，表明棉粕替代35%豆粕对草鱼肾脏组织结构没有影响。

彩插2E和图2.3 e、f为CSM68组的草鱼肾组织切片图。由图2.3 e、f（彩插2E）可见，CSM68组的草鱼小部分肾小球出现褶皱或坏死，肾脏组织出现明显的空隙，表明棉粕替代68%豆粕对草鱼肾脏组织结构有一定的影响，肾组织有小部分坏死现象。

彩插2F和图2.3 g、h、i、j是CSM100组的草鱼肾组织切片图。由图2.3 g、j（彩插2F）可见，CSM100组的草鱼肾组织出现褐色斑点及颗粒状物质，表明肾组织细胞有坏死；图2.3 h、i（彩插2F）可见，肾组织中肾小球与肾小管细胞排列杂乱，肾小球坏死，肾脏组织出现较大的空隙。图2.3 g、h、i、j（彩插2F）的观察结果表明，当棉粕完全替代豆粕时，肾组织破坏严重，细胞及肾小球坏死明显，出现较多坏死病灶。

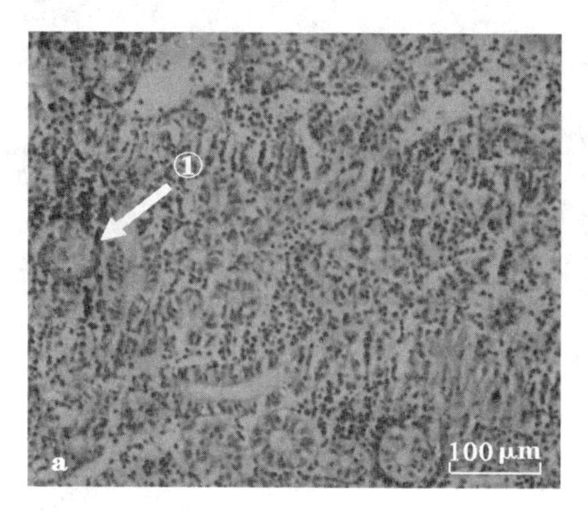

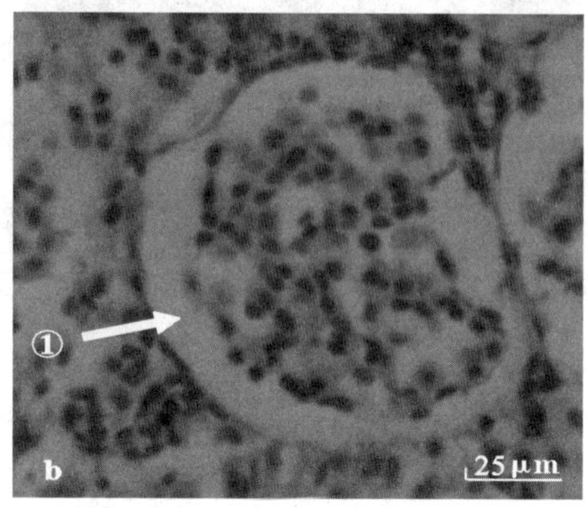

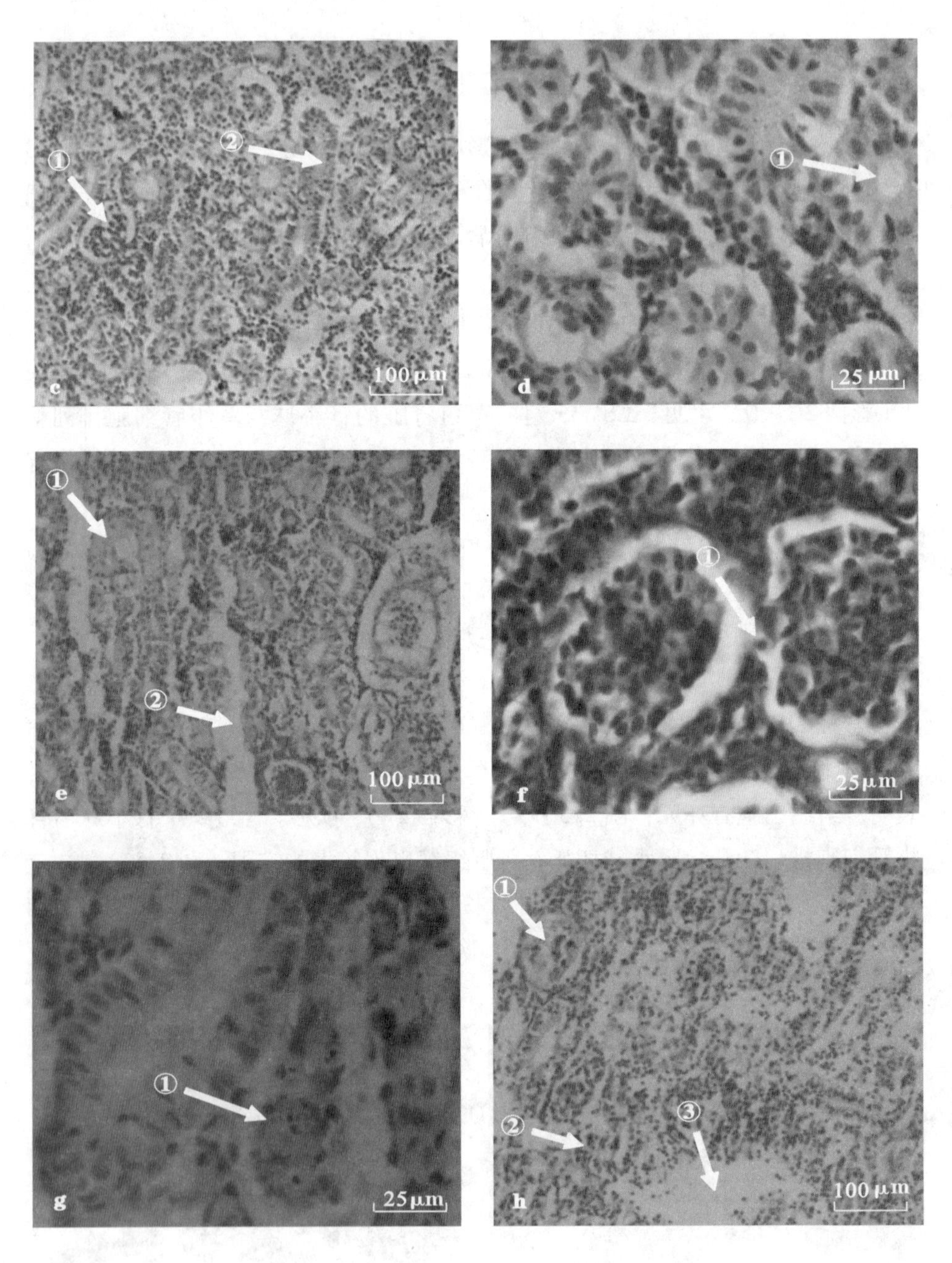
c
①
②
100 μm
d
①
25 μm
e
①
②
100 μm
f
①
25 μm
g
①
25 μm
h
①
②
③
100 μm

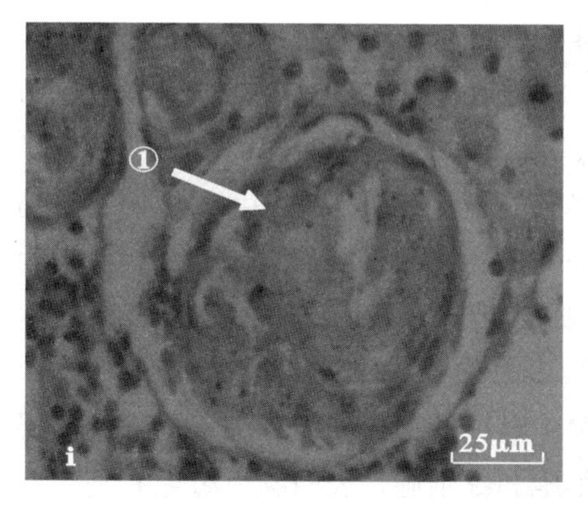

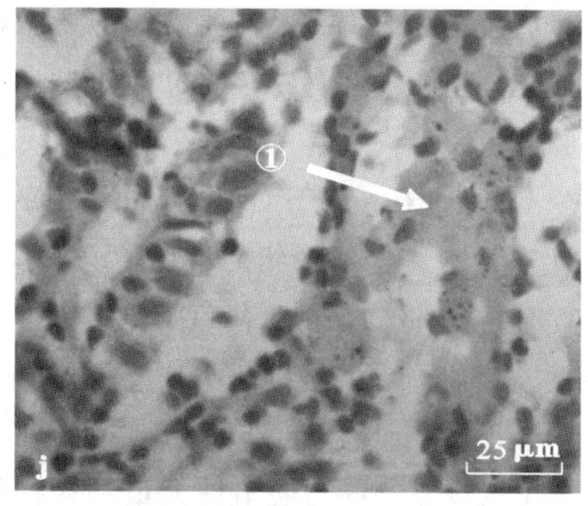

图 2.3 棉粕替代豆粕对草鱼肾脏组织的影响

a：CSM0 组的肾脏（×100），箭头①示坏死的肾小球。

b：CSM0 组的肾脏（×400），箭头①示正常的肾小球。

c：CSM35 组的肾脏（×100），箭头①示正常的肾小球；②示肾小管的管壁细胞排列整齐。

d：CSM35 组的肾脏（×400），箭头①示正常的肾小管。

e：CSM68 组的肾脏（×100），箭头①示肾小球坏死；②示肾脏组织出现空隙。

f：CSM68 组的肾脏（×400），箭头①示肾小球壁出现皱褶与破裂。

g：CSM100 组的肾脏（×400），箭头①示肾组织坏死，内有颗粒状物质。

h：CSM100 组的肾脏（×100），箭头①示肾小球坏死；②示肾小管细胞排列杂乱；③示肾脏组织出现较大空隙。

i：CSM100 组的肾脏（×400），箭头①示肾小球坏死，结构模糊不清。

j：CSM100 组的肾脏（×400），箭头①示细胞坏死。

2.2.7 棉粕替代豆粕对草鱼肠道组织的影响

棉粕替代豆粕对草鱼肠道组织的影响如彩插 3、图 2.4 所示。其中图 2.4 a、b、c（彩插 3A）为对照组草鱼的肠道组织切片图。由图 2.4 a、b（彩插 3A）可见，对照组草鱼肠道肠壁没有增厚，肠内网状褶皱自然，表明对照组饲料对草鱼肠道结构影响不明显。但图 2.4 c 显示，肠道绒毛横切面的中间出现较多血红细胞。可见，对照组鱼的肠黏膜有明显的过敏反应。

彩插 3B、C 和图 2.4 d、e 为 CSM35 组的草鱼肠道组织切片图。由图 2.4 d（彩插 3B）可见，CSM35 组的草鱼肠道肠壁厚度均匀，没有增厚，但进一步放大的图2.4 e（彩插3C）显示，在小部分绒毛中有较多小颗粒样细胞及血红细胞，表明有一定的过敏与炎症反应。可见，棉粕替代35%豆粕对草鱼肠道组织结构也有一定的影响。

彩插3D、图2.4 f为CSM68组的草鱼肠道组织切片图。由图2.4 f（彩插3D）可见，CSM68组的草鱼肠道黏膜下层局部增厚，颗粒样细胞增多，表明棉粕替代68%豆粕对草鱼肠道组织结构影响明显，肠道局部有炎症。

彩插3E、F和图2.4 g、h、i、j是CSM100组的草鱼肠道组织切片图。由图2.4 g 、h（彩插3E、F）可见，CSM100组的草鱼的肠道绒毛局部黏膜层增生变厚，黏膜下层出现大量颗粒样细胞和红细胞，表明肠道绒毛有炎症及内出血症状。图2.4 i、j可见黏膜下层明显增厚，且出现大量颗粒样细胞和红细胞，表明肠道有明显炎症。总之，图2.4 g、h、i、j（彩插3E、F）的观察结果表明，棉粕完全替代豆粕对肠道组织有明显的影响，出现较多病灶。

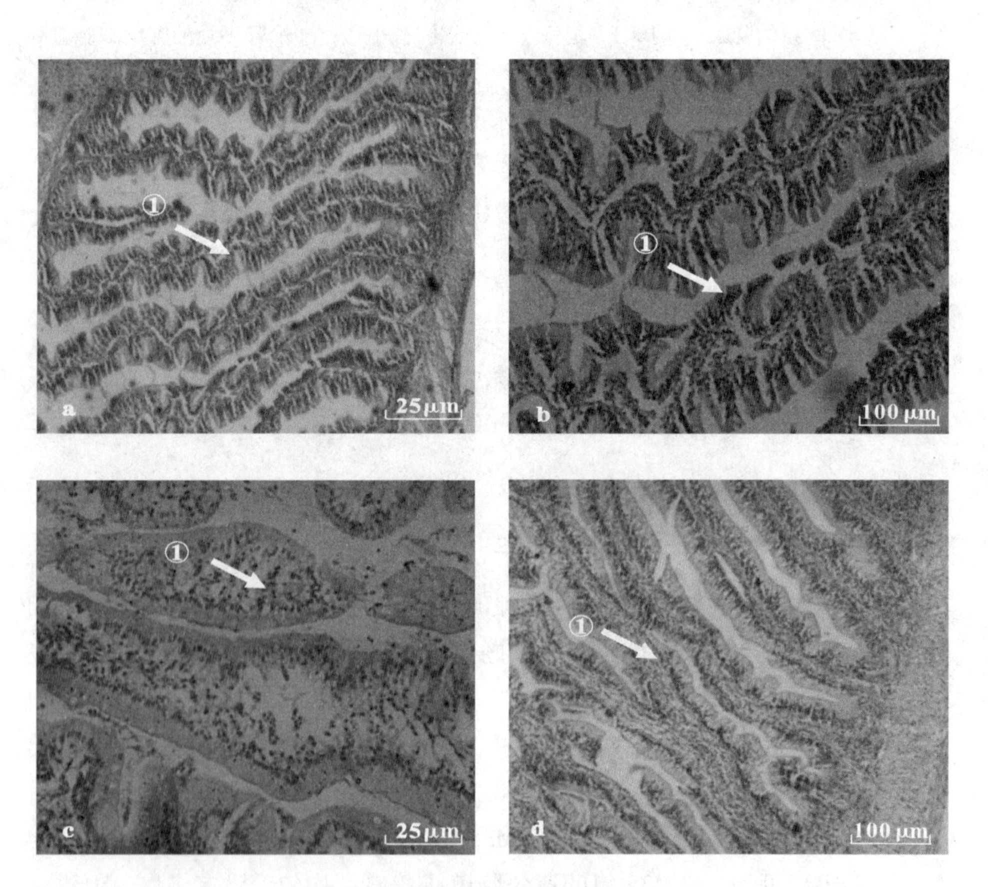

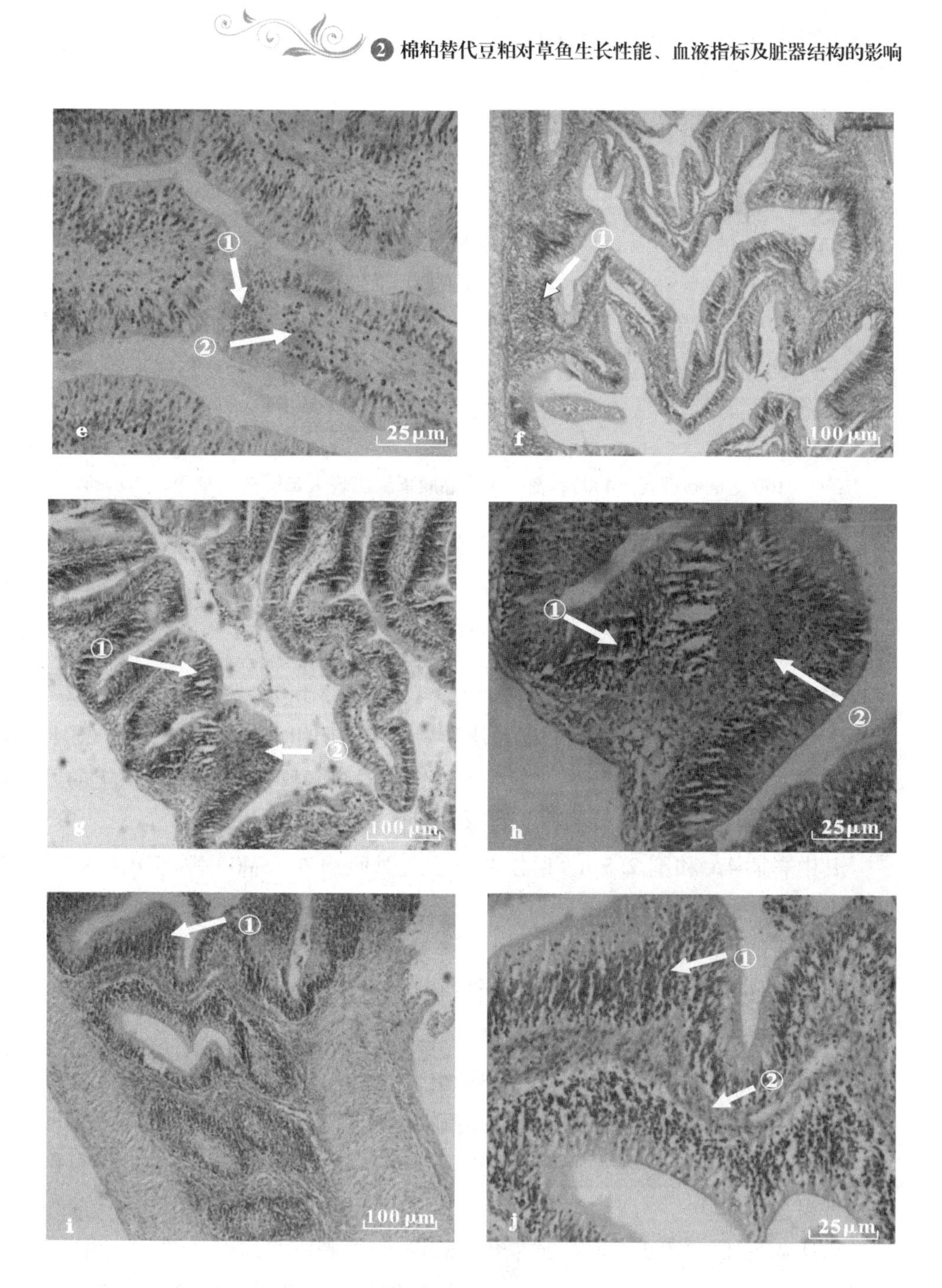

图 2.4　棉粕替代豆粕对草鱼肠道组织的影响

a：CSM0 组的肠道（×40），箭头①示肠道内的网状褶皱自然。

b：CSM0 组的肠道（×100），箭头①示肠道内的网状褶皱自然。

c：CSM0 组的肠道（×400），箭头①肠道内出现少量血红细胞。

d：CSM35 组的肠道（×100），箭头①示肠壁厚度均匀、正常。

e：CSM35 组的肠道（×400），箭头①示黏膜下层出现少量颗粒样细胞；②示肠道内出现少量血红细胞。

f：CSM68 组的肠道（×100），箭头①示黏膜下层局部增厚，颗粒样细胞增多。

g：CSM100 组的肠道（×100），箭头①示黏膜层增生变厚；②示肠道大量红细胞。

h：CSM100 组的肠道（×400），箭头①示黏膜下层出现大量颗粒样细胞；②示黏膜下层出现大量红细胞。

i：CSM100 组的肠道（×100），箭头①示黏膜下层明显增厚，并出现大量颗粒样细胞。

j：CSM100 组的肠道（×400），箭头①示黏膜下层出现大量颗粒样细胞；②示肠道出现大量红细胞。

2.2.8 棉粕替代豆粕对草鱼脾脏组织的影响

棉粕替代豆粕对草鱼脾脏影响如彩插 4、图 2.5 所示。由彩插 4、图 2.5 可见，每一组草鱼脾脏局部均有褐色块状物，但对照组及低添加组（即 CSM0 和 CSM35）的褐色块状物较少。表明各组饲料对草鱼脾脏结构均有一定的影响，但对于棉粕添加量较高组脾脏的影响更明显。

其中彩插 4A 和图 2.5 a、b 分别为草鱼对照组（CSM0）脾脏组织切片图。由图 2.5 a、b（彩插 4A）可见，CSM0 组草鱼的脾脏组织细胞排列整齐、紧密，界线清晰，但小部分区域出现褐色块状物，表明对照组草鱼脾脏组织结构出现病灶，推测可能由于饲料中豆粕成分较多，含有较多抗营养因子，导致一些有毒成分或代谢废物聚集于脾脏组织中形成块状物。

彩插 4B 和图 2.5 c、d 是草鱼 CSM35 组的脾脏组织切片图。由图 2.5 c、d（彩插 4B）可见，CSM35 组草鱼的脾脏结构清晰、紧密，细胞排列整齐；图 2.5 d（彩插 4B）显示，脾脏血窦正常，没有充血；但图 2.5 c 中小部分区域出现褐色块状物。

彩插 4C、D 和图 2.5 e、f 是草鱼 CSM68 组的脾脏组织切片图。由图 2.5 e、f（彩插 4C、D）可见，CSM68 组的脾脏组织结构仍清晰、紧密，细胞排列整齐，脾脏血管正常；但图 2.5 f（彩插 4D）中小部分区域出现褐色块状物。

彩插 4E、F 和图 2.5 g、h 是草鱼 CSM100 组的脾脏组织切片图。由图 3.5

g、h（彩插 4E、F）可见，CSM100 组草鱼的脾脏组织结构疏松，细胞排列紊乱；脾脏除了局部出现褐色块状物外，还出现细胞坏死，细胞核溶解，出现黑色颗粒样细胞。表明当饲料中棉粕完全替代豆粕时，对草鱼脾脏有明显的影响，体内出现较多坏死细胞。

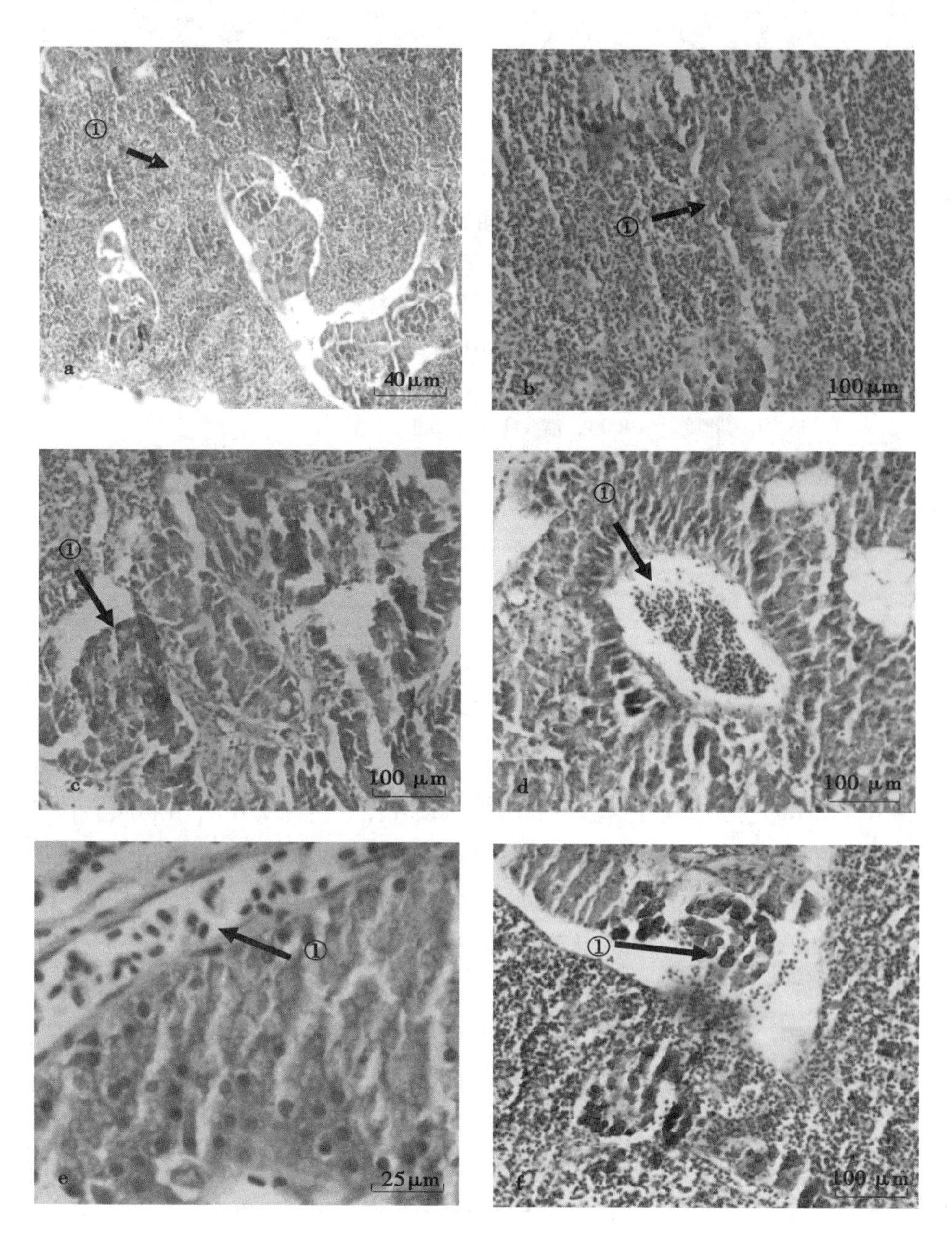

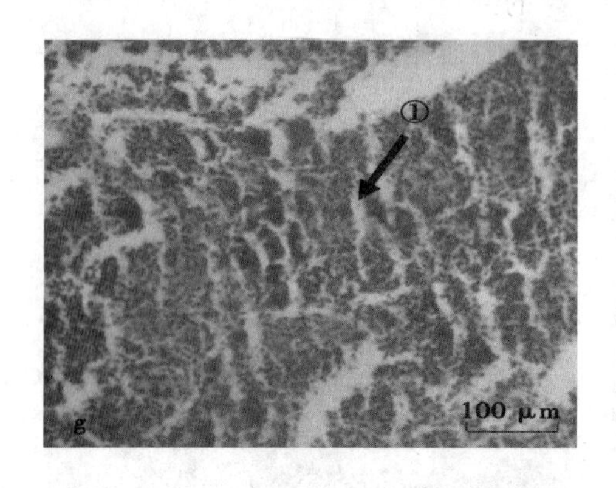

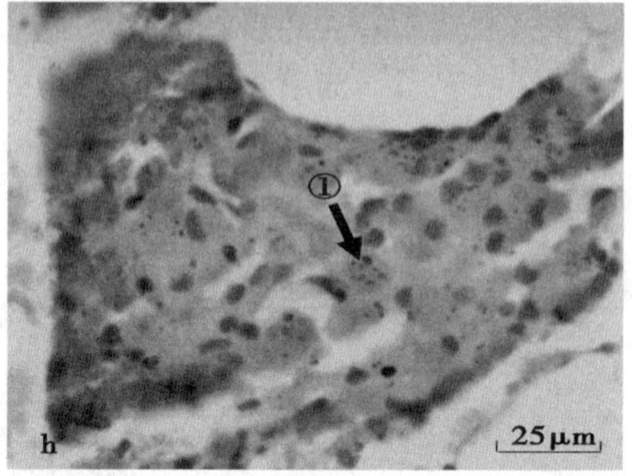

图 2.5　棉粕替代豆粕对草鱼脾脏组织的影响

a：CSM0 组的脾脏（×250），箭头①示脾脏细胞排列整齐、紧密。

b：CSM0 组的脾脏（×100），箭头①示褐色块状物。

c：CSM35 组的脾脏（×100），箭头①示褐色块状物。

d：CSM35 组的脾脏（×100），箭头①示脾脏血窦正常。

e：CSM68 组的脾脏（×400），箭头①示血管正常。

f：CSM68 组的脾脏（×100），箭头①示褐色块状物。

g：CSM100 组的脾脏（×100），箭头①示褐色块状物。

h：CSM100 组的脾脏（×400），箭头①示出现细胞坏死，细胞核溶解，出现黑色颗粒样细胞。

2.2.9　棉粕替代豆粕对草鱼心脏组织的影响

棉粕替代豆粕对草鱼心脏影响如图 2.6 所示。其中图 2.6 a、b 分别为对照组（CSM0）与 CSM35 组草鱼心脏组织切片图。由图 2.6 a、b 可见，该两组草鱼的心肌组织结构紧密，心肌细胞排列整齐，细胞核清晰、饱满，表明该两组饲料对草鱼心脏没有影响。

图 2.6 c、d 为 CSM68 组草鱼心脏组织切片图。由图 2.6 c、d 可见，CSM68 组草鱼的心肌组织结构不够紧密，心肌细胞排列不够整齐，部分心肌细胞中出现空泡现象，心肌细胞坏死，表明棉粕替代 68% 豆粕对草鱼心脏组织结构有一定影响，导致部分心肌细胞出现坏死现象。

图 2.6 e、f 为 CSM100 组的草鱼心脏组织切片图。由图 2.6 e、f 可见，CSM100 组的心肌组织结构疏松，心肌纤维紊乱，部分心肌纤维水泡变性，个别心肌细胞的细胞核溶解，心肌纤维变粗，表明棉粕完全替代豆粕对草鱼心脏组织结构有一

定影响，导致部分心肌细胞坏死，将影响心脏的正常生理活动。

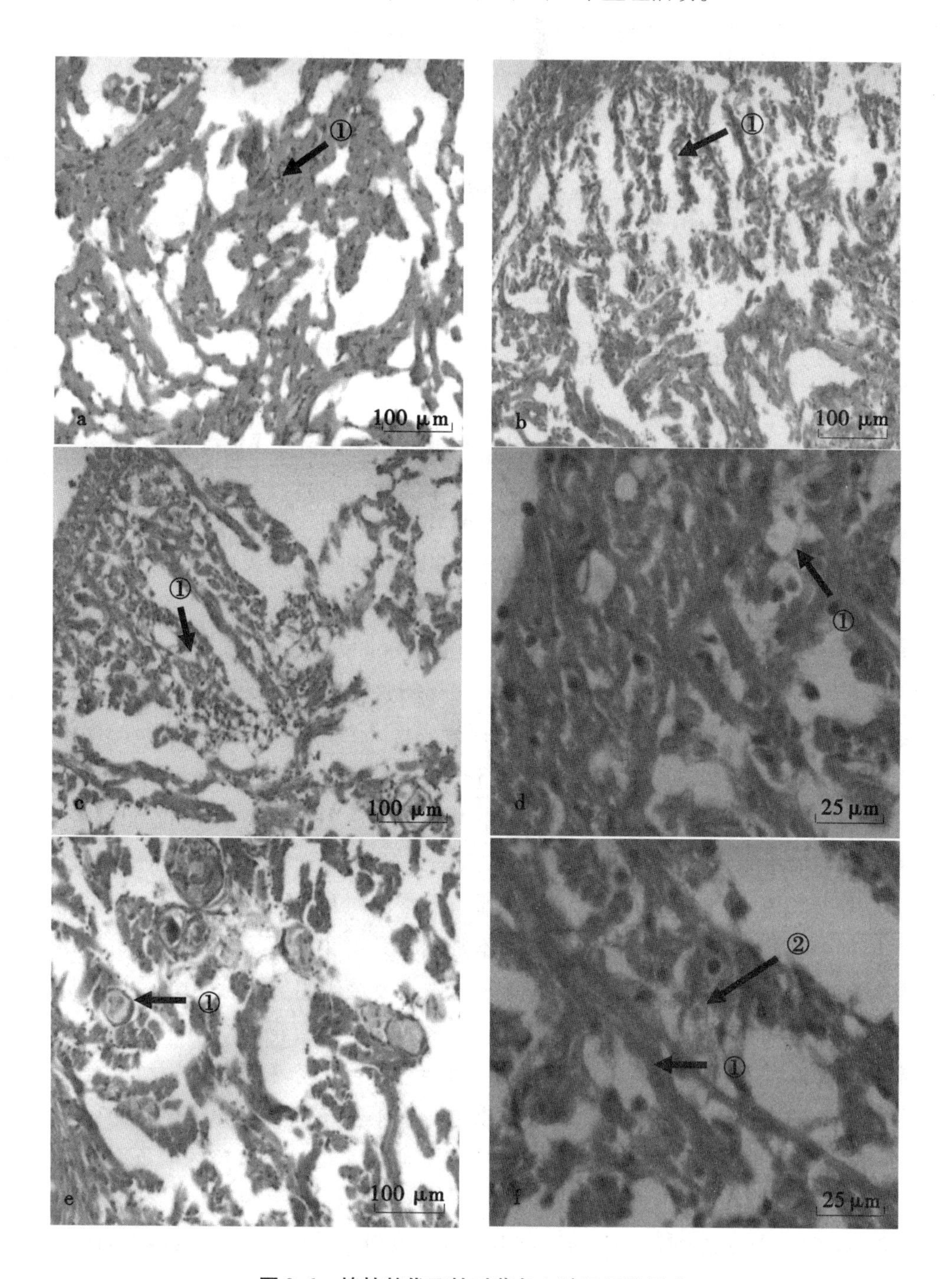

图 2.6　棉粕替代豆粕对草鱼心脏组织的影响

a：CSM0 组的心脏（×100），箭头①示心肌结构紧密，心肌细胞排列整齐。

b：CSM35 组的心脏（×100），箭头①示心肌结构紧密，心肌细胞核清晰。

c：CSM68 组的心脏（×100），箭头①示心肌组织结构不够紧密，心肌细胞排列不够整齐。

d：CSM68 组的心脏（×400），箭头①示细胞空泡化。

e：CSM100 组的心脏（×100），箭头①示细胞空泡化。

f：CSM100 组的心脏（×400），箭头①示心肌纤维变粗；②示心肌细胞核溶解，出现坏死现象。

2.3 讨论

2.3.1 饲料中棉粕替代豆粕对草鱼生长性能指标的影响

已有的文献资料表明，棉粕在鱼类配合饲料中的使用比例远高于在畜禽配合饲料中所占的比例，可以达到30%～40%，但不同种类的鱼对饲料中棉粕的耐受性有差异。Robinson 和 Brent（1989）的研究指出，在斑点叉尾鮰饲料中添加15%棉粕是可行的。Cheng 和 Hardy（2002）认为，饲料中含10%棉粕不会影响虹鳟的生长性能，但饲料中棉酚含量的增加会降低粗蛋白表观消化率。Dorsa 等（1982）在对鲶鱼的研究发现，当饲料中添加17.4%的棉粕时不影响鱼的生长。Yue 和 Zhou（2008）在对吉富罗非鱼（*Oreochromis niloticus* * *O. aureus*）的研究发现，当饲料中的棉粕替代豆粕的比例超过60%时，罗非鱼的增重率、特定生长率、蛋白质效率与饲料系数均显著低于对照组。严全根等（2014）研究了饲料中棉粕替代鱼粉蛋白对草鱼生长的影响，结果表明棉粕可以替代鱼粉蛋白的43.3%而不影响草鱼的生长，但随着饲料中棉粕含量的升高，草鱼特定生长率呈下降的趋势，当替代比例达到60%，显著低于对照组；饲料效率、蛋白质贮积率和能量贮积率随着饲料中棉粕含量升高而显著降低。本研究结果与上述研究结果相近。在试验Ⅰ中，当饲料中棉粕替代豆粕的比例为35%，草鱼的增重率和特定生长率等与对照组之间无显著差异（$p>0.05$）；当替代比例为68%或完全替代豆粕时，草鱼的增重率、特定生长率、蛋白质效率显著降低（$p<0.05$），而饲料系数显著增高（$p<0.05$），且鱼在饲养试验后期出现食欲减退现象。试验Ⅱ中，棉粕替代豆粕对鱼的终体重影响与试验Ⅰ的变化趋势一致。可见，饲料中棉粕适量替代

豆粕不影响草鱼的生长，但过量添加则会明显降低生长性能及饲料转化率。推测当饲料中棉粕含量过高时，一方面影响了饲料的适口性，导致草鱼摄食量减少并出现食欲减退现象；另一方面饲料中必需氨基酸平衡性差及抗营养因子（例如游离棉酚）较多，降低了饲料的营养价值，导致鱼的生长速度减缓。

饲料通过平衡营养成分（如补充赖氨酸、蛋氨酸及矿物质等）或添加植酸酶等，可提高饲料中棉粕的用量。Robinson（1991）研究表明，斑点叉尾鮰饲料中补充赖氨酸，棉粕可以完全替代豆粕而不影响其生长性能。Barros 等（2002）的研究也表明，无鱼粉的饲料中补充铁，棉粕替代 50% 豆粕可提高斑点叉尾鮰的增重和改善饲料利用率。但也有研究表明，即使在含棉粕饲料中添加赖氨酸等外源物质来平衡饲料的营养成分，饲料中过量添加棉粕仍会降低鱼的生长性能。Yue 和 Zhou（2008）在饲料中添加了赖氨酸，但当棉粕替代豆粕超过 60% 时，对罗非鱼的生长性能及饲料系数仍有明显的影响。该试验结果与 Yue 和 Zhou（2008）对罗非鱼的研究结果一致。虽在试验Ⅰ没有添加赖氨酸，试验Ⅱ添加了赖氨酸，但两个试验配方均影响草鱼的生长性能，只是存活率不一致。由此推测，赖氨酸不是影响草鱼对含棉粕利用的唯一因素，而粗纤维及抗营养因子也是其中的重要因素。高棉粕饲料中粗纤维含量影响饲料的适口性，而抗营养因子如游离棉酚既会影响鱼对铁离子的吸收，也会对鱼产生毒害作用。

大多数研究表明，饲料中棉粕水平不影响鱼的存活率（Yue and Zhou，2008），甚至有利于提高鱼的存活率（Barros et al.，2002）。在试验Ⅰ中，高棉粕组（替代 68% 或 100% 豆粕）的草鱼存活率降低，试验Ⅱ的草鱼存活率不受影响。推测试验Ⅰ中草鱼的消化系统发育还不够完善及对游离棉酚毒性的抵抗能力不强，当长期摄食含高棉粕的饲料时，容易导致营养不良及中毒。

在该试验中，草鱼全鱼及肌肉的水分、粗脂肪、粗蛋白与粗灰分不受饲料中棉粕替代水平的影响。本研究结果与侯红利和罗宇良（2005）对鲤鱼、Cheng 和 Hardy（2002）对虹鳟及 Yue 和 Zhou（2008）对罗非鱼的研究结果一致，表明棉粕替代豆粕没有对草鱼的鱼体组成有明显的影响。但也有不一致的研究结果。严全根等（2014）研究了饲料中棉粕替代鱼粉蛋白对草鱼鱼体组成的影响，结果表明，棉粕替代鱼粉蛋白的水平显著影响鱼体的水分含量；当替代比例达到 80%，鱼体的水分含量显著高于对照组，完全替代鱼粉组的鱼体脂肪和能量含量显著低于对照组。

该试验结果显示，饲料中棉粕水平也不影响草鱼的脏体比与肥满度。该结果与 Robinson（1991）对斑点叉尾鮰的研究结果一致。但也有不一致的报道。Yue 和 Zhou（2008）的研究结果表明，随着饲料中棉粕含量的增加，罗非鱼的肥满度和脏体比指数分别呈现下降和上升趋势。可见，饲料中棉粕水平对鱼的形态指标的影响有差异，推测与鱼的种类、规格及饲料成分有关。

2.3.2 饲料中棉粕替代豆粕对草鱼血液指标的影响

鱼类的红细胞总数、血红蛋白含量、红细胞比容与鱼类的非特异性免疫功能有一定的相关性，鱼类血液指标是反映鱼体健康状况的重要指标。目前，已有一些关于饲料中棉粕对鱼类血液指标影响的研究，但不同研究者的研究结果不一致。一些研究者认为，鱼的红细胞比容和血红蛋白含量会随着饲料中棉粕含量的增加而下降（Blom et al.，2001；Dabrowski et al.，2001）。大部分研究者认为饲料中部分添加棉粕有利于提高饲料的营养价值、提高血液相关指标，但过量添加或棉酚含量过高会导致相关血液指标下降。由于游离棉酚可干扰肠道对铁的吸收，将影响血红蛋白的合成（Lee et al.，2002；El-Saidy and Gaber，2004）。在以酪蛋白为主要蛋白源的饲料中，分别添加不同来源的25%棉粕（无腺体棉粕、热处理棉粕、生产用棉粕和生棉粕），其中当饲料游离棉酚含量为0～290 mg/kg 时，虹鳟红细胞比容和血红蛋白含量并无显著差异，然而低热处理的棉粕组（游离棉酚为303 mg/kg 饲料）和高棉酚组（游离棉酚为1 000 mg/kg 饲料）的红细胞比容和血红蛋白含量较低（Herman，1970）。还有部分研究者认为，饲料中棉粕的添加不影响鱼类的血液指标。Barros 等（2002）的研究表明，斑点叉尾鮰血细胞总数、红细胞总数、红细胞比容和血红蛋白含量等并不受饲料中添加55.0%棉粕（游离棉酚为671 mg/kg 饲料）的影响，虽然在此添加量情况下斑点叉尾鮰生长速率有所下降。

该试验结果表明，当棉粕替代豆粕为35%时，草鱼的红细胞总数、红细胞比容和血红蛋白含量分别比对照组显著升高（$p<0.05$）。推测草鱼对饲料中添加一定量的棉粕，有利于饲料中植物蛋白源的蛋白质平衡，从而提高了饲料的营养价值。当棉粕替代豆粕的水平进一步升高（为68%与100%）时，草鱼的红细胞总数、红细胞比容、血红蛋白含量显著下降，其中CSM100 组显

著低于对照组及其他试验组（$p < 0.05$），这是由于游离棉酚与血中蛋白质、细胞膜或精子具有很高的亲和性（Royer and Vander Jagt，1983；Reyes and Benos，1988；Dabrowski et al.，2001）。推测草鱼对游离棉酚在一定的范围内有耐受性，但当游离棉酚浓度超出鱼的解毒能力时，过多的棉酚一方面与血中的蛋白质包括一些酶类结合，另一方面影响了肠道对铁的吸收，从而影响血红蛋白的合成，导致红细胞总数、红细胞比容和血红蛋白含量急剧下降。本研究结果与 Rinchard 等（2003）、叶元土等（2005）及 Yue 和 Zhou（2008）的研究结果一致，饲料中棉粕的合理添加有利于提高饲料的营养价值、提高血液相关指标，但过量添加将导致相关血液指标下降，影响正常血液生理指标。Mbahinzireki 等（2001）认为这种现象是鱼类对棉酚毒性反应的生理变化之一。

2.3.3 棉粕替代豆粕对草鱼肝胰脏中游离棉酚残留的影响

当动物摄入含有棉酚的饲料时，游离棉酚在体内各器官中的分布是不均匀的，肝脏中含量最多，其次是胆汁、血清和肾，而淋巴结、脾、心、肺、膈肌和胰中的含量较低。吸收后主要经胆汁随粪便排出，少量随尿液排出，也可以由乳汁排出。肝脏是动物解毒中心，也是有毒物质积蓄的重要部位。Zhou（1988）采用活体口服与注射的方法研究游离棉酚对鼠肝脏的毒害作用，两种处理方法均表明鼠体内吸入一定量的游离棉酚后对肝脏有明显的损害作用。体外离体试验也表明，游离棉酚对离体培养的肝细胞有毒性作用（Manabe，1991）。曾虹等（1998）用醋酸棉酚含量分别为 0、400 μg/g、800 μg/g、1 200 μg/g、1 600 μg/g、3 200 μg/g 的饲料喂鲤鱼 60 天后，发现肝脏游离棉酚蓄积与饲料游离棉酚浓度呈正相关，并随投喂时间延长而增加。任维美（2002）的研究表明，当饲料中的游离棉酚含量为 0.11% ~0.44%，罗非鱼肝中游离棉酚含量由 32.3 μg/g 提高到 132.1 μg/g。该试验结果表明，对照组（CSM0）、CSM35 组和 CSM68 组草鱼肝胰脏中没有检出游离棉酚；但当棉粕完全替代豆粕时，CSM100 组草鱼中每克肝胰脏组织含有游离棉酚 24.23 ± 3.14μg/g。由此可见，该试验结果与大多数研究者的一致，草鱼能通过解毒作用排除一定量的游离棉酚（棉粕含量不超过 32.73%），使游离棉酚不会在肝脏中残留；但棉粕含量达 48.94%，超出了草鱼的解毒能力时，游离棉酚在肝胰脏蓄积。这一结果与大多数研究结果一致。

2.3.4 棉粕替代豆粕对草鱼肝胰脏组织结构的影响

游离棉酚的排泄比较缓慢，在体内有明显的蓄积作用。棉酚是细胞、血管、神经性毒素，可引起大量浆液浸润和出血性炎症；其对心、肝、脾等实质的细胞及神经、血管、生殖机能均有毒性，可导致动物的实质器官变性、坏死，消化机能紊乱等毒害作用（王利、汪开毓，2002；谭清华，2005）。

当肝脏中蓄积过多游离棉酚时，对肝组织造成损伤。侯红利（2006）研究了棉粕对鲤鱼的肝、肾脏的毒性作用，认为棉粕替代50%或75%的豆粕时，120天后鲤鱼（起始体重4.23±0.36g）的肝没有明显毒性作用，当棉粕完全替代豆粕时其肝细胞有肿胀、细胞空泡化等明显毒性作用。该试验也有相近的研究结果，当棉粕替代35%豆粕时，草鱼肝脏组织结构没有明显的病理变化；但当棉粕替代68%豆粕时，其肝脏组织结构出现一定的病理变化，小部分细胞出现水肿、坏死及瘀血现象；当棉粕完全替代豆粕时，肝组织出现明显的病理变化，细胞坏死严重，且血管也出现增生与坏死现象。由此可见，饲料中含有高水平的棉粕（含量为32.73%或48.94%）对鱼类的肝脏有一定的毒性作用，导致肝胰脏出现明显的病理变化，推测其原因为肝胰脏中蓄积过多的游离棉酚对肝组织细胞及血管造成毒害作用。

棉酚被鱼类摄食后，大部分转化为结合棉酚随粪便排出，小部分被吸收入体内蓄积于肝、肾、心等脏器组织中，可引起积累性中毒（侯红利，2006）。Herman（1970）指出，对于虹鳟，当饲料中游离棉酚的含量高达290 mg/kg时，其生长速度才会减慢；当游离棉酚含量达95 mg/kg时，其肝与肾出现明显的病理变化。已有研究表明，鱼的肝脏可蓄积游离棉酚。当虹鳟被投喂游离棉酚含量为1 000 mg/kg的饲料几个月后，其肝中蓄积有一定量的游离棉酚（Roehm et al.，1967；Dabrowski，2001）。此外，该试验结果与侯红利（2006）对鲤鱼的研究结果相比，草鱼幼鱼对游离棉酚的毒性作用比鲤鱼更为敏感，推测可能与鱼的种类及饲料中游离棉酚的含量有密切的关系。

2.3.5 棉粕替代豆粕对草鱼肾脏组织结构的影响

肾脏损伤也是游离棉酚引起动物中毒症状之一。当投喂含棉籽饼或棉粕的饲料，饲养一定时间后，动物肾脏出现一系列的组织病理变化：肾小球结构模糊不清、肾小管变狭窄、肾小管管壁间结缔组织增生、髓质部出血、间质结缔组织增生、集合小管管壁上皮细胞大量脱落等（王利、汪开毓，2002；李海等，2002；吉红，1999）。本研究结果与大多数研究者的结果一致，饲料中的棉酚含量与草鱼肾组织的病理变化关系密切：无棉粕组（CSM0）或低棉粕组（CSM35）肾组织没有明显的病理变化，大部分肾小球与肾小管细胞排列整齐，界线清晰，只有小部分区域出现肾细胞坏死；但随着棉粕替代豆粕水平的提高，CSM68 组小部分肾小球出现褶皱或坏死，肾脏组织出现明显的空隙；而当棉粕完全替代豆粕时，肾小球与肾小管细胞排列杂乱，肾组织破坏严重，细胞及肾小球坏死明显，出现较多坏死病灶，且有非常明显的病理变化。可见，草鱼肾组织对饲料中棉粕水平高低的反应非常敏感。推测游离棉酚导致草鱼肾脏损伤的机理为：游离棉酚易与酶中氨基酸形成 Schif 碱的非特异性共价结合，使游离棉酚成为普通酶的抑制剂，可抵制肾脏细胞钠钾 ATP 酶（Hanse et al.，1989）。

关于游离棉酚对鱼类肾脏的作用也有不一致的研究结果。富惠光等（1995）研究指出，摄食含 0.1% 游离棉酚饲料的罗非鱼与金鱼，肾脏没有发生组织病理变化。侯红利（2006）也认为棉粕替代豆粕没有引起鲤鱼肾组织的病理变化。这可能与这些鱼类对游离棉酚的耐受力较强有关。而草鱼与虹鳟相近，其肾脏对游离棉酚的毒性作用敏感。

2.3.6 棉粕替代豆粕对草鱼肠道组织结构的影响

游离棉酚对胸膜、腹膜和胃肠道有刺激作用，能引起这些组织发炎，增强血管壁的通透性，使受害组织发生浆液性浸润和出血性炎症。鸡游离棉酚中毒后，其胃肠道浆膜和黏膜充血、出血，出现小坏死灶（王利、汪开毓，2002）。杨彬彬等（2015）以棉粕替代部分鱼粉对黑鲷幼鱼消化酶活性及肠道组织结构的影响，结果表明，当棉粕替代比例超过 30% 时，前、中肠肌层厚度和褶皱高度均有不同程度的缩减，且前肠胰蛋白酶活性显著下降；当棉粕替代比例高于 60% 时，对肠道组织结构有明显破坏作用。与上述研究结果相似，该试验结果表明，高含量棉粕组（CSM68 组与 CSM100 组）对草鱼肠道结构有明显的影响，草鱼肠道黏膜下层局部增厚，颗粒样细胞增多，黏膜下层有出血症状。由此可见，游离棉酚对草鱼肠道的影响与大多数动物一致，主要表现为组织炎性细胞增加，并有出血性炎症病灶出现。侯红利和罗良宇（2005）认为，游离棉酚对肠道组织结构的毒害主要由于游离棉酚能破坏血液对维生素 A 的吸收。研究表明，当动物发生维生素缺乏时，易导致多种黏膜包括肠黏膜的炎症病变。同时，游离棉酚在体内排泄缓慢，呈慢性蓄积，长期饲喂会对组织产生刺激作用，引起消化道及其他脏器变性和坏死。此外，游离棉酚能使血管壁通透性增强，造成结缔组织间隙的渗出性物质增加（侯红利、罗良宇，2005）。但也有不一致的研究结果。姜光明等（2009）在饲料中添加 240 mg/kg、480 mg/kg 和 720 mg/kg 醋酸棉酚饲喂异育银鲫 180d，结果表明异育银鲫的肝及肠道组织结构与无醋酸棉酚的对照组相比，差异不显著。

2.3.7 棉粕替代豆粕对草鱼脾与心脏组织结构的影响

游离棉酚除了对肝、肾、肠有毒害作用外，还会对脾及心脏有一定的影响（王利、汪开毓，2002）。脾是动物重要的淋巴器官，具有造血、滤血、清除衰老血细胞及参与免疫反应等功能。该试验结果表明，当棉粕完全替代豆粕时，草鱼的脾脏出现较多含褐色颗粒的细胞，推测这些细胞为巨噬细胞。当它清除、吞噬大量坏死细胞后，细胞内出现褐色块状物。可见，当饲料中棉粕完全替代豆粕时，草鱼的机体出现较多的坏死细胞特别是坏死的血细胞，在脾脏中被巨噬细胞吞噬与过滤。

当猪棉籽饼中毒时心肌会变性坏死，有些心肌纤维变粗，细胞中出现空泡，细胞核增大（袁继安、刘东军，2005）。该试验结果表明，草鱼的心肌出现相似的游离棉酚中毒症状。在高水平棉粕组（CSM68 组和 CSM100 组）草鱼的部分心肌纤维水泡变性，个别心肌细胞的细胞核溶解，心肌纤维变粗。而低高水平棉粕组或无棉粕组心肌组织结构正常。

2.4 小结

综上所述，当棉粕替代 35% 豆粕时，不影响草鱼的生长性能。但随着饲料中棉粕替代豆粕的比例增加，草鱼的生长性能和 PER 显著降低，而 FCR 显著提高。但棉粕替代豆粕的水平不影响各组草鱼全鱼及肌肉的常规成分。表明草鱼幼鱼饲料中可应用 35% 的棉粕替代豆粕而不影响其生长，但过高的替代水平（即棉粕含量为 32.73% 或 48.94%）可抑制其生长；棉粕的添加量对鱼体常规成分影响不显著。饲料中合理应用棉粕（即当棉粕替代 35% 豆粕

时），有利于提高鱼的血液生理指标；但棉粕添加量过高时（即替代100%豆粕时）时，草鱼的血液指标明显下降，推测棉粕中的游离棉酚对鱼有一定的毒害作用，导致血液出现异常变化。

草鱼能通过解毒能力排出一定量的游离棉酚（棉粕含量不超过32.73%），使游离棉酚不会在肝脏中残留；但当棉粕含量达48.94%，超出了草鱼的解毒能力时，游离棉酚会在肝胰脏中蓄积。对草鱼石蜡切片的观察结果表明，饲料中棉粕替代豆粕的水平对草鱼的肝胰脏、肾脏、肠道、脾脏、心脏都有影响，且随棉粕水平的提高组织病变更加明显，其中对肝胰脏、肾脏及肠道组织影响比较明显，而对脾脏与心脏的影响稍小。当棉粕完全替代豆粕时，肝胰脏组织破坏严重，细胞水肿、坏死明显，且肝血管出现增生与坏死现象；肾组织破坏严重，细胞及肾小球坏死明显，出现较多坏死病灶；肠道组织出现内出血及炎症。

3　棉粕替代豆粕对草鱼消化酶活性及相关基因表达的影响

消化酶是消化过程中具有独特催化功能的物质，它催化大分子的营养物质成小分子从而有利于吸收。因此，研究消化酶有助于了解鱼类怎样利用饲料中的营养物质，以及当饲料成分发生变化时，鱼类能作出何种程度的反应（田丽霞、林鼎，1993）。

鱼类的食性与消化器官组织结构和消化机能是相适应的，消化器官组织结构不同，所承担的消化机能不同，因而消化酶的活性也呈明显的差异。鱼类摄食后，饲料的营养成分构成消化酶的作用底物，会影响到消化酶的分泌和活性。鱼类对营养物质的消化能力取决于消化酶的活性，而消化酶的活性主要受外部、中心和局域三个方面的因素影响，其中外部因素主要指食物及鱼的摄食行为等对消化道黏膜的刺激，从而引起对吸收细胞的营养控制作用（尾崎久雄，1983）。目前，国内外学者对青鱼（*Mylopharyngodon piceus*）（孙盛明等，2008）、黄鳝（*Monopterus ablus*）（杨代勤等，2003）、胡子鲶（*Clarias fuscus*）（Uys、Hecht，1987）、军曹鱼（*Rachycentron canadum*）（杨奇慧等，2008）等的研究表明，鱼类摄入食物不同，对体内消化酶分泌有较大的影响，消化道内存在的食物种类与鱼类各消化组织、器官消化酶的分泌数量及种类有一定相关性。

肠道中蛋白酶和淀粉酶有两种来源，一是来自肠组织黏膜本身的分泌，二是来自肝胰脏中胰腺所分泌的胰蛋白酶、胰淀粉酶。一般而言，饲料中碳水化合物含量越高，鱼类消化器官产生的淀粉酶活性越大（田丽霞、林鼎，1993）。倪寿文等（1990）研究表明，五种鱼肝胰脏淀粉酶活性由高到低的顺序为：草鱼 > 鲤鱼 > 尼罗非鲫鱼 > 鲢鱼 > 鳙鱼。Kawai 等（1972）用鱼粉和马铃薯淀粉含量不同的饲料饲养幼鲤 75d，发现在一个星期内，肠道麦芽糖酶、淀粉酶和蛋白酶活性对饲料呈现出适应性。研究表明，棉粕中粗纤维的含量为 9% ~16%，约为豆粕的两倍（萧培珍等，2009）。该试验的饲料配方中各组饲料的粗蛋白与粗脂肪含量基本一致，但不同组之间的粗纤维含量不一致，可能会导致其淀粉酶活性及基因表达有差异。该试验以草鱼为试验对象，在探讨棉粕替代豆粕对消化酶活性影响的基础上，进一步研究棉粕替代豆粕对淀粉酶基因表达的影响，为棉粕在鱼类饲料中使用提供一定的指导，并丰富鱼类分子营养学内容及鱼类营养调控理论。

3.1 草鱼淀粉酶基因 cDNA 全长的克隆与序列分析

3.1.1 材料与方法

3.1.1.1 材料

1. 试验动物

草鱼体重约 1 kg，购自梅州市梅江区东厢菜市场。鱼麻醉后于冰上解剖，取出肝脏置于冻存管中并立即存放液氮中，之后在低温状态下转移至 -80℃ 超低温冰箱保存，用于肝脏总 RNA 的提取。取样过程所需器具均经 0.1% DEPC 处理或 250℃烧烤 3 小时以上，以灭活 RNase。

2. 菌株和质粒

大肠杆菌菌株 Top10 由广东嘉应学院生物系分子生物学实验室保存。克隆载体 pMD18 - T Simple vector 购自宝生物工程（大连）有限公司。

3. 主要试剂及其配制

TRIzol Reagent、DNase 酶与 M - MLV 反转录酶购自 Promega 公司；Ex Taq 酶、DNase - I、RNasin、DL - 2 000 DNA Maker 、SMART™ RACE cDNA Amplification Kit（Clontech）、RNA PCR Kit（AMV）Ver. 3.0 与 Real Time RNA PCR Kit 购自宝生物工程（大连）有限公司；凝胶回收试剂盒购自天根生化科技（北京）有限公司；Taq DNA 聚合酶、dNTPs、焦碳酸二乙酯（Diethy pyrocarbonate，DEPC）、溴酚蓝、溴化乙啶（Ethidium bromide，EB）、琼脂糖和牛血清白蛋白（Bovine serum albumin，BSA）等购自上海申能生物工程有限公司；该试验所涉及的引物均由上海英骏生物技术有限公司合成。

常规试剂：DEPC、氯仿、异戊醇、异丙醇、无水乙醇、70% 乙醇、$NaHCO_3$、NaCl、KCl、Na_2HPO_4、NaH_2PO_4、KH_2PO_4、$CaCl_2$、HCl、NaOH（上述均为分析纯）等购自广州威佳科技有限公司。

试剂的配制：

（1）0.1% DEPC：1 000 mL 去离子水中加入 0.1 mL DEPC，于 37℃温育过夜，高压灭菌 30min，冷却后置于冰箱 4℃保存。

（2）75%经 DEPC 处理的酒精：250 mL DEPC 加入无水乙醇 750 mL，4℃保存。

（3）50×TAE：750 mL 去离子水中加入 242 g Tris、57.1 mL 乙酸、Na_2-EDTA 37.2 g，用去离子水定容至 1 000 mL。

（4）AMP（氨苄西林）贮存液：用三蒸水配成 100 mg/mL，用 0.22 μm 滤膜过滤除菌，分装后 -20℃保存。

（5）LB 液体培养基：胰蛋白胨（Tryptone）1%（w/v）、酵母提取物（Yeast Extract）0.5%（w/v）、NaCl 1%（w/v），加蒸馏水定容后，用 10 mol/L NaOH 调节 pH 值至 7.0，高压灭菌，冷却后 4℃保存。

（6）氨苄液体培养基（LA）：灭菌后的 LB 液体培养基温度降至 50℃左右时，加入 AMP 至终浓度 100 μg/mL，4℃保存。

（7）LB 固体培养基：在 LB 液体培养基中加入琼脂粉至终浓度 1.5%（w/v），高压灭菌，冷却至约 50℃后分装入灭菌平皿中，凝固后密封于 4℃保存。

（8）氨苄固体培养基（LA 平板）：待灭好菌的 LB 固体培养基的温度降至 50℃左右时，加入 AMP 至终浓度 100 μg/mL，摇匀后分装入无菌平皿内，凝固后密封于 4℃保存。

4. 主要仪器及设备

台式高速离心机、高速低温离心机、SW-CJ-1F 型超净工作台（中国苏州净化）、BioPhotometer 6131 型核酸蛋白检测仪（德国 Eppendorf 公司）、ABI PCR 仪（美国 Applied Biosystems 公司）、ULT-1386-3 型超低温冰箱（美国 Revco 公司）、ECP 3000 型三恒高压多用途电泳仪（北京六一仪器厂）、GDS8000PS 型凝胶成像系统（美国 UVP 公司）、通风橱（中国苏州净化）、鼓风干燥箱、超低温冰箱（-80℃）、普通冰箱、电子天平（0.000 1 g）、磁力搅拌器、酸度计。

3.1.1.2 方法

1. 引物设计与合成

根据 GenBank 中已登录的斑马鱼（*Danio rerio*）及多种哺乳动物的 α-淀

粉酶（α-AMY）基因的同源序列，分别设计出α-AMY基因核心序列的扩增引物，由上海英骏生物技术有限公司合成。具体引物名称及序列见表3.1。

表3.1 草鱼α-淀粉酶引物名称及其核苷酸序列

引物名称	引物序列（5' to 3'）	碱基位置
α-AMY-F-1	CTCCTGGTTGTGGCTGCTCTTGT	nt 21～43
α-AMY-R-1	GATGACATCACAGTATGTGCCCT	nt 1 399～1 421
α-AMY-F-2	CGGACCTCCATCGTTCATCTGT	nt 87～108
α-AMY-R-2	CTGGCCATTGACCACATTGCGAA	nt 1 252～1 274
α-AMY-3'RACE-F1	TCGCAATGTGGTCAATGGCCA	nt 1 253～1 273
α-AMY-3'RACE-F2	GAGGGCACATACTGTGATGTCA	nt 1 398～1 419
α-AMY-3'RACE-R2	GAGTCAGCATGGATGGCAATGA	nt 1 522～1 543
α-AMY-GSP1	GGATCGGTCACCACAATGCTCT	nt 199～220
α-AMY-GSP2	GGAGAGATCTGAACTCCTCCGTA	nt 168～190
α-AMY-NP	CTATATCTGCCCACCGCCACTCA	nt 110～132
α-AMY-F-3	GCAGTGGTAACAATGCAGATC	nt 3～23
α-AMY-R-3	CTACAGTTTCGAGTCAGCATGGAT	nt 1 530～1 553
α-AMY-F-4	CTAAGCCAGTACCGATCAACCC	nt 1 162～1 184
α-AMY-R-4	AACCACTGACACCTGTTTCCCT	nt 1 451～1 472

2. 肝脏总RNA的提取、检测和DNase-I处理

准备工作：对塑料制品、玻璃和金属物品的RNase灭活的处理。

塑料制品：使用一次性塑料制品，且用DEPC处理后方可使用。其方法如下：

（1）在玻璃烧杯中注入去离子水，加入DEPC使其终浓度为0.1%。注意：DEPC有剧毒，活性很强，在通风橱中小心使用。

（2）将待处理的塑料制品放入一个可以高温灭菌的容器中，注入DEPC，使塑料制品的所有部分都浸入溶液中。

（3）在通风橱中室温处理过夜。

（4）将DEPC小心倒入废液瓶中，使用锡箔封住含有DEPC处理过的塑料制品的烧杯，高温高压蒸汽灭菌至少30 min。

（5）用合适的温度（80℃～90℃）烘烤至干燥，并置于干燥处备用。

玻璃和金属物品洗净后烘干，锡箔密封后置于马福炉中，250℃烘烤3h以上方可使用。

肝脏总RNA提取的方法：

（1）鱼麻醉后于冰上解剖，分别取出肝组织，用DEPC清洗，滤纸擦干后，置于冻存管中并立即存放于液氮中，用于肝脏总RNA的提取。

（2）从液氮中取出肝脏组织约80 mg，置于预冷的研钵中，趁液氮尚未挥发完全时，将肝组织磨成粉末，并迅速加入1mL Trizol。

（3）加入200 μL氯仿：异戊醇（24：1）或氯仿，剧烈振荡混匀30s。

（4）用台式高速离心机，12 000 r/min，室温离心5 min。

（5）将上清液小心转移到RNase－free 1.5mL离心管里，加入与上清液等体积的异丙醇，室温放置5 min（注意：不要吸取任何中间物质）。

（6）用台式高速离心机，12 000 r/min，室温离心5 min。

（7）小心移去上清液，防止沉淀丢失。

（8）用70%乙醇洗涤两次，每次700 μL，再用台式高速离心机12 000 r/min，室温离心2 min。

（9）尽可能彻底吸走上清液，防止RNA沉淀。

（10）室温放置5～10 min，使乙醇挥发干净。

（11）用30～50 μL DEPC溶解。按每μgRNA加入20U RNA Inhibitor。

（12）电泳检验和分光光度法检验提取的完整情况和浓度。

DNase－I处理肝脏总RNA：

肝脏总RNA提取后用无RNase的DNase－I处理以去除其中的痕量染色体DNA污染，方法如下：

（1）在1.5mL离心管中配制下列反应液：50 μg总RNA、5 μL 10×DNase－I buffer、2 μL DNase－I、0.5 μL RNase Inhibitor，补充DEPC至50 μL。

（2）37℃温育30 min。

（3）加1 μL DNase Stop Solution终止反应。

（4）65℃温育10 min灭活DNase。

（5）加适量DEPC稀释后分装，于－80℃储存备用。

3. 采用RT－PCR及RACE技术扩增α－淀粉酶基因

（1）cDNA第一条链的合成（反转录反应）。

反转录反应按 M－MLV 试剂说明书进行，略有改动，具体过程为：

①在 0.2 mL PCR 管中加入 3 μL（100 ng/ μL）总 RNA、2 μL 50 μM Oligo d（T）$_{18}$，加入 5 μL DEPC 至体积为 10 μL，离心后放入 PCR 仪中，70℃温育 5 min，取出立即冰浴 10 min。

②在该 PCR 管分别加入 4 μL 5 × buffer、2 μL 10 mM dNTPs、0.5 μL 40 U/μL RNA Inhibitor、1 μL 200 U/ μL M－MLV 反转录酶、2.5 μL DEPC，总体积为 20 μL，混匀后短暂离心，42℃反应 60 min，75℃保温 5 min 灭活反转录酶。反转录产物稀释后分装，于－20℃保存。

（2）α－淀粉酶 cDNA 核心序列的克隆。

①采用巢式 PCR 的扩增反应克隆核心序列。

以 M－MLV 反转录合成 cDNA 第一条链为模板，α－AMY－F－1 与 α－AMY－R－1 为上、下游引物进行 PCR 反应。

第一轮 PCR：在灭菌的 0.2 mL PCR 管中分别加入 1 μL cDNA 第一条链模板、2.5 μL 10 × buffer、1 μL 10 mM dNTPs、1.0 μL 10μM 上游引物、1.0 μL 10 μM 下游引物、0.5 μL 1 U/ μL Taq DNA 聚合酶和 18 μL 灭菌双蒸水，总体积为 25 μL。PCR 扩增条件均为：94℃ 预变性 3 min；94℃ 30s、58℃ 30s、72℃ 80s，共 32 个循环；最后 72℃延伸 7 min。

第二轮 PCR：以第一轮 PCR 产物为模板，α－AMY－F－2 与 α－AMY－R－2 再次扩增。在灭菌的 0.2 mL PCR 管中分别加入 0.5 μL 第一轮 PCR 产物作为模板、2.5 μL 10 × buffer、1 μL 10 mM dNTPs、1.0 μL 10 μM 上游引物、1.0 μL 10 μM 下游引物、0.5 μL 1U/ μL Taq DNA 聚合酶，补充双蒸水至总体积 25 μL。PCR 扩增条件均为：94℃ 预变性 3 min；94℃ 30s，59℃ 30s，72℃ 80s，共 32 个循环；最后 72℃延伸 7 min。PCR 产物经 2% 琼脂糖凝胶电泳检测。

PCR 反应结束后，取 5 μL 扩增产物采用 1.5% 琼脂糖凝胶进行电泳分析。

②特异目的片段的回收纯化。

将 60 μL PCR 扩增产物，用 2% 琼脂糖凝胶电泳，电泳结束，在紫外灯下切除含目的片断的凝胶，采用天根生化科技（北京）有限公司凝胶回收试剂盒（离心柱型）对产物进行回收，具体过程如下：

A. 向胶块中加入溶液 PC 0.4 mL，置于 55℃ ~65℃水浴中溶化胶块；

B. 将上述 DNA 琼脂糖混合液加到回收纯化柱内，并把柱子装在收集管上，室温下 10 000 r/min 离心 1 min，弃去流出液；

C. 加入 600 μL 漂洗液（PW）至洗涤柱中，室温下 10 000 r/min 离心 1 min；

D. 重复操作步骤 C；

E. 弃去流出液，将空柱子 10 000 r/min 离心 2 min 以甩干柱基质残余的液体；

F. 将柱子置于一新的 1.5 mL 离心管上，室温放置 10 min；

G. 在柱子膜的中央处加入 30 ~ 50 μL 的洗脱缓冲液（EB），室温静置 2 min；

H. 12 000 r/min 离心 2 min，收集洗脱液，即为纯化的 PCR 产物。

③纯化后的 PCR 产物与 T 载体连接。

在一 0.2mL 离心管内加入 10 × Ligation buffer 1 μL、pMD18 – T Simple vector 0.5 μL、回收纯化后的 PCR 产物 3 μL、T4 DNA Ligase 1 μL，补双蒸水至总体积 10 μL，混匀上述各组分，于 16℃连接过夜。

④感受态细胞的制备。

采用 $CaCl_2$ 法制备感受态细胞。

A. 在 LB 平板上画线接种 Top10，37℃培养过夜；

B. 从 37℃过夜培养的 LB 平板上挑取 DH5α 单个菌落，接种于 3 mL 不含氨苄西林 LB（AMP）培养液中，振荡培养过夜；

C. 取 50 μL 过夜培养物接种于 50mL LB 液体培养基中剧烈振荡培养约 3 h，至 OD600 nm 为 0.4；

D. 转移细菌培养物至预冷的 50 mL 无菌离心管中，冰浴 10 min；

E. 4℃ 5 000 r/min 离心 10 min，弃上清液，倒置离心管，在超净台内控干水分，加入 25 mL 预冷的 0.1 mol/L $CaCl_2$ 溶液，重悬菌体，冰浴 45 min；

F. 4℃ 5 000 r/min 离心 10 min，弃上清液，用 2 mL 预冷的 0.1 mol/L $CaCl_2$ 溶液重悬菌体，分装，4℃放置 12 ~ 24 h，加入甘油，分装，–80℃保存备用。

⑤连接产物转化感受态细胞。

取 –80℃保存的 100 μL 感受态细胞，置于冰上，完全解冻后，加入 10 μL 连接液，用枪头轻轻吹打混匀，冰上放置 30 min，42℃热应激 90 s，冰浴 2 min，加入 900 μL LB 液体培养基，37℃ 200 ~ 250 r/min 振荡培养 1 h，吸取 200 μL 细胞悬液涂布在 LA 平板中，37℃培养过夜。

⑥PCR 鉴定阳性菌落。

A. 从过夜培养的 LA 平板上挑取单个菌落，接种于 1 mL LA 液体培养基中，37℃ 200 ~250 r/min 振荡培养 4 ~8 h。

B. 以过夜培养的菌液做模板，以 M13 通用引物作为目的引物进行 PCR 扩增。

PCR 反应体系为：2 μL 菌液、2 μL 10 × buffer、0.4 μL dNTPs（10 mM）、1 μL M13 通用引物（10 μM）、0.5 μL Taq DNA 聚合酶（1U/ μL），补蒸馏水至总体积 20 μL。

PCR 反应程序为：

94℃ 5 min →（94℃ 30 s，58℃ 30 s，72℃ 30 s）×32 个循环→72℃ 7 min

C. 取 10 μL PCR 产物进行电泳检测。

D. 选取经 PCR 鉴定为阳性菌株，送予上海英骏生物技术有限公司进行测序。

（3）α - AMP cDNA 3'RACE 克隆。

采用 TaKaRa RNA PCR Kit（AMV）Ver. 3.0（DRR019A）试剂盒克隆 α - AMY cDNA 3'RACE。根据所克隆的 α - AMY 核心序列，分别设计克隆 α - AMY 的 3'引物：α - AMY - 3'RACE - F1、α - AMY - 3'RACE - F2 与 α - AMY - 3'RACE - R2（如表 3.1 所示）。Oligo dT - Adaptor Primer 和 M13 Primer M4 由 TaKaRa RNA PCR Kit 提供，分别作为反转录与 PCR 下游引物。以草鱼肝脏总 RNA 为模板，Oligo dT - Adaptor Primer 为引物，按上述方法（同上文“cDNA 第一条链的合成”）反转录获得 cDNA 第一条链。3'RACE 是通过 2 轮巢式 PCR 反应来完成的。首先以 cDNA 第一条链为模板，α - AMY - 3'RACE - F1 与 M13 Primer M4 为引物，进行第一轮 PCR。PCR 反应体系为：1 μL cDNA 第一链模板、2.5 μL 10 × buffer、1 μL 10mM dNTPs、1.0 μL 10μM 上游引物、1.0 μL 10 μM 下游引物、0.5 μL 1U/ μL Taq DNA 聚合酶，加双蒸水至终体积为 25 μL。PCR 扩增条件均为：94℃ 预变性 3min；94℃ 30s，58℃ 30s，72℃ 30s，共 34 个循环；最后 72℃ 延伸 7 min。

第二轮巢式 PCR 以第一轮 PCR 产物为模板，α - AMY - 3'RACE - F2 与 M13 Primer M4 为引物，进行第二轮 PCR。PCR 反应体系为：0.2 μL 第一轮 PCR 产物作为模板、2.5 μL 10 × buffer、1 μL 10mM dNTPs、1.0 μL 10μM α - AMY - 3'RACE - F2 为上游引物、1.0 μL 10μM M13 Primer M4 为下游引物、0.5 μL 1U/μL Taq DNA 聚合酶，加双蒸水至终体积为 25 μL。PCR 扩增条件均为：94℃ 预变性 3 min；94℃ 30s，57℃ 30s，72℃ 30s，共 35 个循环；最

后72℃延伸7 min。

特异目的片段经回收纯化后克隆至pMD 18 – T Simple vector，转化感受态细胞*E. coli* Top10。以α – AMY – 3' RACE – F2及α – AMY – 3' RACE – R2为引物，PCR检测阳性克隆的菌液。所筛选的阳性克隆由上海英骏生物技术有限公司进行测序。

（4）α – AMP cDNA 5' RACE克隆。

采用SMART™ RACE cDNA Amplification Kit（Clontech）克隆α – AMP cDNA 5' RACE。SMART oligo与通用引物（UPM1、UPM2与UNP）由该试剂盒提供。特异引物根据所克隆的α – AMP核心序列设计α – AMY – GSP1、α – AMY – GSP2与α – AMY – NP（如表3.1所示）。以肝脏总RNA为模板，SMART oligo为引物，按该试剂盒的方法合成SMART cDNA第一链。

5' RACE通过3轮巢式PCR反应来完成。首先以SMART cDNA为模板，以UPM1与α – AMY – GSP1为引物进行第一轮PCR。然后以第一轮PCR产物为模板，UPM2与α – AMY – GSP2进行第二轮PCR。再以第二轮PCR产物为模板，α – AMY – NP与UNP为引物，进行第三轮PCR反应。特异目的片段经回收纯化后克隆至pMD 18 – T Simple vector，转化感受态细胞*E. coli* Top10。所筛选的阳性克隆由上海英骏生物技术有限公司进行测序。

（5）α – 淀粉酶cDNA全长序列的拼接。

上述方法所获的α – 淀粉酶cDNA核心序列、3' RACE和5' RACE序列，利用NCBI上Blast软件（http：//blast. ncbi. nlm. nih. gov/Blast. cgi）进行网上同源性检索，并用Vector NTI Suite 6软件进行序列分析及拼接。

（6）α – 淀粉酶cDNA全长拼接序列的检测。

为了验证所拼接的序列是否正确，根据所获得的3' RACE和5' RACE序列，再次设计特异引物α – AMY – F – 3与α – AMY – R – 3，以cDNA为模板，进行PCR反应。PCR产物经2%琼脂糖电泳检测。目标片段纯化回收后，克隆至pMD18 – T Simple vector，转化感受态细胞*E. coli* Top10。所筛选的阳性克隆由上海英骏生物技术有限公司进行测序。

3.1.2 结果

3.1.2.1 草鱼α – 淀粉酶cDNA序列的克隆及序列分析

所筛选α – 淀粉酶的阳性重组子经测序及相关软件分析结果如图3.1所

示。由图可见，所克隆的α－淀粉酶 cDNA 片段全长为 1 612bp，包括开放阅读框（Open Reading Flame，ORF）为 1 539 bp，5’RACE 非编码区（Untranslated Region，UTR）为 14 bp，3’RACE UTR 长 59 bp。其 ORF 编码 512 个氨基酸残基。经在线软件（http：//www. expasy. ch/tools/pi_ tool. html）分析，草鱼α－淀粉酶的理论等电点为 5. 83，相对分子质量为 57 910. 11Da。该序列在 NCBI 上的登录号为 GQ856659。

```
   1  AAGCAGTGGT AACAATGCAG ATCTTGTACG CGGGGGTATT CGTTGAACTG
  51  TGTCTTGCCC AGCACAACCC AAACACCAAA CATAATAGGA CCTCCATTGT
 101  TCATCTGTTT GAGTGGCGGT GGGCAGATAT AGCTGAAGAA TGTGAGAGAT
 151  ACCTGGCACC AAATGGCTAC GGAGGAGTTC AGATCTCTCC CCCCAGTGAG
 201  AGCATTGTGG TGACCGATCC TTGGCACCCT TGGTGGCAGA GGTATCAGCC
 251  AATCAGCTAC AATTTGTGCT CCAGATCAGG AACTGAGGAA GAGCTGAAGG
 301  ACATGGTCAC ACGCTGTAAC AATGTTGGGG TGAACATATA TGTGGATGCA
 351  GTCATAAATC ACATGTGTGG AGCCTCTGGT GGAGAGGGCA CTCACTCCAG
 401  CTGTGGATCA TACTTCAACG CCAACAAGGA GGACTTCCCT CCTGTCCCAT
 451  ACTCATCATG GGACTTCAAT GATGACAAGT GTAAAACTGC CAATGAAGAG
 501  ATTGAAAGCT ACAACGACAT TTTCCAGATT AGAGATTGTC GCTTGGTGAG
 551  TCTCCTGGAT TTGGCCCTGG AGAAGGACTA TGTTAGAGGA AAAGTGGCTG
 601  AATACATGAA CAAACTGATC GATATAGGTG TGGCTGGATT CAGAGTAGAT
 651  GCTTGTAAGC ACATGTGGCC TGGTGATCTT ATTAATGTCT ATGGCAGACT
 701  CAAGAGCCTG AATACCACTT GGTTTTTACC TGGCACCAAG CCCTTTATTT
 751  ATCAAGAGGT TATAGACATT GGTGGGGAAG CCATTAAAGC CAGTGAATAT
 801  TTTGAACTTG GAAGAGTGAC AGAGTTCAAG TACAGTGCAG AACTGGGAAC
 851  AGTCATTCGT AAACGGGACA AAGAAAAGCT AAGCTATCTC AAGAACTGGG
 901  GAGAGGGCTG GGGTTTCATG CCCTCTGATA AAGCCTTGGT GTTTGTGGAC
 951  AATCATGATA ATCAGAGAGG CCACGGTGCT GGTGGAGCTT CTGTTCTGAC
1001  ATTCTGGGAC TCTAGGCTTT ATAAGATTGC TTCAGGGCTC ATGTTGGCTC
1051  ATCCATATGG TGTCACCAGA GTCATGTCTA GTTACCATTG GGATCGACAT
1101  TTGGTGAATG GAAAGGATAA GAATGACTGG ATGGGCCCTC CAAGCAATGC
1151  CAATGGATCC ACTAAGCCAG TACCGATCAA CCCAGACTCC ACCTGTGGGG
1201  ACAAGTGGAT ATGTGAGCAC AGATGGCGTC AAATCAGGAA TATGGTGATT
1251  TTTCGCAATG TGGTCAATGG CCAGCCTCTC TGCAACTGGT GGGACAACGG
1301  TAATAATCAG ATCGCCTTTA GCCGCGGCAG CAAGGGATTC ATTGTCATCA
1351  ACAATGATGA TTGGCAACTG AATGTGACGC TGAACACTGG CCTGCCCGAG
1401  GGCACATACT GTGATGTCAT CTCTGGAGAT AAGAGTGGGG ACAGTTGCAC
1451  AGGGAAACAG GTGTCAGTGG TTTCTGATGG ACGTGCCACT TTCCACATCA
1501  GGCACACAGA GGAGGATCCA TTCATTGCCA TCCATGCTGA CTCGAAACTG
1551  TAGATTCACT TAGAATAATC ACAATAAAGC AGAATCACTA AACTCCGAAA
1601  AAAAAAAAAA AA
```

图 3. 1　草鱼α－淀粉酶 cDNA 的核苷酸序列

注：起始密码子“ATG”和终止密码子“TAG”用方框标出；PolyA 信号序列“AATAAA”用下划线标出。

3.1.2.2 草鱼α-淀粉酶的推测氨基酸序列与其他α-淀粉酶的同源性比较

通过NCBI上的Blast在线软件，将草鱼α-淀粉酶（ACX35465）与其他生物的α-淀粉酶进行同源性比较（如图3.2所示）。结果表明，草鱼α-淀粉酶与其他动物α-淀粉酶的同源性较高。其中与鱼类的同源性高于其他动物，例如彩虹胡瓜鱼（*Osmerus mordax*，ACO09666）、胭脂鱼（*Myxocyprinus asiaticus*，ABQ45553）、日本鳗鲡（*Anguilla japonica*，BAB85635）、斑马鱼（*Danio rerio*，AAH62867）的同源性均为87%。其次与非洲爪蛙（*Xenopus laevis*，NP_001079910）的同源性为84%，与鸡（*Gallus gallus*，NP_001001473）及猪（*Sus scrofa*，NP_999360）的同源性均为83%。

```
                                1                                                                          74
    Grass carp amylase    (1) MQILYAGVFVELCLAQHNPNTKHNRTSIVHLFEWRWADIAEECERYLAPNGYGGVQISPPSESIVVTDPWHPWW
        Cattle amylase    (1) MKFFLLLSVIVFCWAQYAPHTKTGRTSIVHLFEWRWVDIALECERYLAPKGFGGVQISPPSENAVITDPSRPWW
       Chicken amylase    (1) MQVLLLLAAVGLCWAQYNPNTQAGRTSIVHLFEWRWADIALECEHYLAPNGFGGVQVSPPNENIVITNPNRPWW
Chinese sucker amylase    (1) MKFLILVALLGLSLAQHDPNTKHGRTAIVHLFERRWADIAAECQRYLGPNGFGGVQISPLSESIVVTNPWRPWW
          Frog amylase    (1) MKLLLLLVTIGLCSAQYNPNTQSGRTSIVHLFEWKWVDIAAECERYLGPNGFGGVQISPPNENIVVTNPYRPWW
     Norway rat amylase    (1) MKFFLLLSLIGLCWAQYDPHTFYGRSSIVHLFEWRWVDIAKECERYLAPNGFGGVQVSPPNENIVVNSPFRPWW
  Rainbow smelt amylase    (1) MKLLILVALFGLSLAQHNPNTKHGRTSIVHLFEWRWADIAEECERFLAPNGFGGVQISPPHESIVLNNPWRPWW
      Zebrafish amylase    (1) MKLLILAALVGLSLAQFDPNTKSGRTAIVHLFEWRWADIAAECERYLGPNGFGGVQISPPSESIVVTNPWHPWW
              Consensus    (1) MKLLLLLALIGLCLAQYNPNTKSGRTSIVHLFEWRWADIA ECERYLAPNGFGGVQISPPSESIVVTNPWRPWW
                                                                  催化区
                                75                                                                        148
    Grass carp amylase   (75) QRYQPISYNLCSRSGTEEELKDMVTRCNNVGVNIYVDAVINHMCGASGGEGTHSSCGSYFNANKEDFPPVPYSS
        Cattle amylase   (75) ERYQPVSYKLCTRSGNESEFKDMVTRCNNVGVRIYVDAVINHMTGSGVSAGTSSTCGSYFNPGTRDFPAVPYSG
       Chicken amylase   (75) ERYQPISYKICSRSGNENEFRDMVTRCNNVGVRIYVDAVVNHMCGSMGGTGTHSTCGSYFNTGTRDFPAVPYSA
Chinese sucker amylase   (75) QRYQPIGYNLCSRSGTENELKDMITRCNNVGVNIYVDAVINHMCGAGGGAGTHSSCGSYFNANNKDFPTVPYSG
          Frog amylase   (75) ERYQPISYKLCTRSGNEQQFRDMVTRCNNVGVYIYVDAIINHMCGSGGGAGTHSTCGSYFNAGSRDFP-VPYSG
     Norway rat amylase   (75) ERYQPISYKICSRSGNEDEFRDMVNRCNNVGVRIYVDAVINHMCGVGAEAGQSSTCGSYFNPNNRDFPGVPYSG
  Rainbow smelt amylase   (75) ERYQPISYNLCSRSGTENELRDMITRCNNVGVYIYVDAIINHMCGAGGGEGTHSNCGTYFSAGKKDFPSVPYSH
      Zebrafish amylase   (75) QRYQPIGYNLCSRSGNENELKDMITRCNNVGVNIYVDAVINHMCGSGGGSGTHSSCGSYFNANNKDFPTVPYSN
              Consensus   (75) ERYQPISYNLCSRSGNENELKDMVTRCNNVGV IYVDAVINHMCGSGGGAGTHSTCGSYFNAN RDFP VPYSG
                                             催化区
                               149                                                                        222
    Grass carp amylase  (149) WDFNDDKCKTANEEIESYNDIFQIRDCRLVSLLDLALEKDYVRGKVAEYMNKLIDIGVAGFRVDACKHMWPGDL
        Cattle amylase  (149) WDFNDEKCNTGNGEIKSYDVAYQVRDCRLVGLLDLALAKDYVRSTVAEYLNRLIDIGVAGFRIDASKHMWPGDI
       Chicken amylase  (149) WDFNDGKCHTASGDIENYGDMYQVRDCKLSSLLDLALEKDYVRSTIAAYMNHLIDMGVAGFRIDAAKHMWPGDI
Chinese sucker amylase  (149) LDFNDGKCKTGSGNIENYNDVNQVRNCRLVGLLDLSLEKDYVRGKVAGFMNKLINMGVAGFRVDACKHMWPGDL
          Frog amylase  (148) LDFNDGKCRTGSGEIENYGDANQVRNCRLVGLLDLAMEKDYVRGKIAEYMNNLINIGVAGFRLDAAKHMWPGDL
     Norway rat amylase  (149) FDFNDGKCKTGSGGIENYNDAAQVRDCRLSGLLDLALEKDYVRTKVADYMNHLIDIGVAGFRLDASKHMWPGDI
  Rainbow smelt amylase  (149) WDFNDNKCKTGSGNIENYGDPYQVRDCRLVSLLDLALEKDYVRGKVADYMNNLTDMGVAGFRVDACKHMWPGDL
      Zebrafish amylase  (149) LDFNDGKCNTGSGNIENYQDINQVRNCRLVGLLDLALEKDYVRSKVADYMNKLIDMGVAGFRVDACKHMWPGDL
              Consensus  (149) WDFNDGKCKTGSGEIENYNDIYQVRDCRLVGLLDLALEKDYVRGKVADYMNKLIDIGVAGFRVDACKHMWPGDL

                               223                                                                        296
    Grass carp amylase  (223) INVYGRLKSLNTTWFLPGTKPFIYQEVIDIGGEAIKASEYFELGRVTEFKYSAELGTVIRKRDKEKLSYLKNWG
        Cattle amylase  (223) KAVLDKLHNLNTSWFPEGSRPFIYQEVIDLGGETITSSDYFGNGRVTEFKYGVKLGTVLRKWSGEKMAYLKNWG
       Chicken amylase  (223) RAFLDKLHDLNTQWFSAGTKPFIYQEVIDLGGEPITGSQYFGNGRVTEFKYGAKLGTVIRKWNGEKMAYLKNWG
Chinese sucker amylase  (223) SAVYGSLNNLNTKWFPSGSRPFIFQEVIDLGGEPITSKEYFGLGRVTEFKYGAKLGNVMRKWNGEKLSYLKNWG
          Frog amylase  (222) KAISDRLNNLNTKWFPAGARPFIFQEVIDLGGEAISVNEYFGVGRVTEFKYGAKLGGVIRKWNGEKMAYLRNWG
     Norway rat amylase  (223) KAVLDKLHNLNTKWFSEGSKPFIYQEVIDLGGEAVSSNEYFGNGRVTEFKYGAKLGKVLRKWDGEKMAYLKNWG
  Rainbow smelt amylase  (223) SAVYGRLHNLNTNWFAKGSRPFIFQEVIDLGGESIKASEYFHLGRVTEFKYGAKLGGVIRKWNGEKLSYTKNWG

                               297                                                                        370
    Grass carp amylase  (297) EGWGFMPSDKALVFVDNHDNQRGHGAGGASVLTFWDSRLYKIASGLMLAHPYGVTRVMSSYHWDRHLVNGKDKN
        Cattle amylase  (297) EGWGFMPSDRALVFVDNHDNQRGHGAGGASILTFWDARLYKMGVGFMLAHPYGFTRVMSSYHWPRHFEDGKDVN
       Chicken amylase  (297) EGWGFVPSDRALVFVDNHDNQRGHGAGGASILTFWDARLYKMAVGFMLAHPYGFTRVMSSYRWPRYFENGVDVN
Chinese sucker amylase  (297) EGWGMMPTDKALVFVDNHDNQRGHGAGGASIVTFWDARLYKMAVGLMLAHPYGVTRVMSSYRWDRNIVNGQDKN
          Frog amylase  (296) EGWGFMPNDRALVFVDNHDNQRGHGAGGASILTFWDARLYKMGVGFMLAHPYGFTRVMSSYRWTRNISNGKDQN
     Norway rat amylase  (297) EGWGFMPSDRALVFVDNHDNQRGHGAGGSSILTFWDARLYKMAVGFMLAHPYGFTRVMSSFHWPRYFENGKDVN
  Rainbow smelt amylase  (297) EGWGFMPDDKALVFVDNHDNQRGHGAGGAAIVTFWDPRMHKMAVAYMLAHPYGVTRVMSSFRWNRNIVNGKDTN
      Zebrafish amylase  (297) EGWGFMPSDKALVFVDNHDNQRGHGAGGASIVTFWDARLYKMAVGFMLAHPYGFTRVMSSYRWDRNIVNGQDQN
              Consensus  (297) EGWGFMPSDKALVFVDNHDNQRGHGAGGASILTFWDARLYKMAVGFMLAHPYGFTRVMSSYRW RNIVNGKD N
```

```
                               371                                                                        444
    Grass carp amylase  (371) DWMGPPSNANGSTKPVPINPDSTCGDKWICEHRWRQIRNMVIFRNVVNGQPLCNWWDNGNNQIAFSRGSKGFIV
        Cattle amylase  (371) DWVGPPNN-NGVIKEVTINPDTTCGNGWVCEHRWRQIRNMVIFRNVVDGQPFTNWWDNGSNQVAFGRGNKGFIV
       Chicken amylase  (371) DWVGPPSNSDGSTKSVTINADTTCGNDWVCEHRWRQIRNMVIFRNVVDGQPFSNWWDNGSNQVAFGRGDRGFIV
Chinese sucker amylase  (371) DWIGPPSNSDGSTKPVPINPDSTCGNGWVCEHRWRQIKNMVIFRNVVNGQPFANWWDNQNNQIAFSRGSRGFIV
          Frog amylase  (370) DWIGPPTNSDGSIKSVPINADATCGDNWVCEHRWRQIKNMVIFRNVVNGQPFSNWWDNGSNQVAFGRGNKGFIV
    Norway rat amylase  (371) DWVGPPNN-NGATKEVTINSDSTCGNDWVCEHRWRQIRNMVAFRNVVNGQPFANWWDNGSNQVAFGRGNKGFIV
 Rainbow smelt amylase  (371) DWMGPPSHSDGSTKPVPINPDQTCGDGWVCEHRWRQIKNMVIFRNVVNGQPHSNWWDNQNNQVAFGRGNRGFIV
     Zebrafish amylase  (371) DWIGPPSNGDGSTKPVPINPDSTCGDNWVCEHRWRQIKNMVIFRNVVNGQPFSNWWDNGSNQIAFSRGSRGFII
             Consensus  (371) DWIGPPSNSDGSTKPVPINPDSTCGN WVCEHRWRQIKNMVIFRNVVNGQPFSNWWDNGSNQVAFGRGNKGFIV

                               445                                                                512
    Grass carp amylase  (445) INNDDWQLNVTLNTGLPEGTYCDVISGDKSGDSCTGKQVSVVSDGRATFHIRHTEEDPFIAIHADSKL
        Cattle amylase  (444) FNNDDWALSATLQTGLPPGTYCDVISGDKIGDNCTVIEINVSCDGNAYFSISNSAEDPFIAIHTESKL
       Chicken amylase  (445) FNNDDWYMNVDLQTGLPAGTYCDVISGQKEGSACTGKQVYVSSDGKANFQISNSDEDPFVAIHVDAKL
Chinese sucker amylase  (445) INNDDWDLDVTLNTGMPGGTYCDVISGQKERGRCTGKEVQVGGNGHASFRISNMEEDPFIAIHADSKL
          Frog amylase  (444) FNNDDRYLDATLNTGLPSGTYCDVISGQKEGSRCTGRQINVDGNGFARFQISNTDEDPFAAIHVNAKL
    Norway rat amylase  (444) FNNDDWDLSTTLQTGLPAGTYCDVISGDKVDGNCTGIKVYVGSDGNAYFSISNSAEDPFIAIHVESKI
 Rainbow smelt amylase  (445) FNNDDWNLDVTLNTGMPGGTYCDVISGQKDGDRCTGKQITVGGDGRAHFKISNQDEDPFVAIHADSKL
     Zebrafish amylase  (445) INNDDWELNVSLSTGLPGGTYCDVISGQKENGRCTGKEVNVGGDGKASFRISNQEEDPFIAIHADSKL
             Consensus  (445) FNNDDW L VTLNTGLPGGTYCDVISGQKEG RCTGKQVNVGGDGKA F ISNSDEDPFIAIHADSKL
```

羧基端β折叠区

图 3.2 草鱼 α－淀粉酶 cDNA 的推测氨基酸序列与其他动物 α－淀粉酶同源性比较

注：①催化区（catalytic domain）与羧基端 β 折叠区（C-terminal all-beta domain）以下划线标出。

②草鱼（ACX35465）、牛（NP _ 001030188）、鸡（NP _ 001001473）、胭脂鱼（ABQ45553）、非洲爪蛙（NP _ 001079910）、彩虹胡瓜鱼（ACO09666）、大鼠（AAH88228）、斑马鱼（AAH62867）。

3.1.3 讨论

在各种生物包括动物、植物及微生物中均广泛存在催化 α－1，4－糖苷键的淀粉酶。根据产物的分子构型可分为 α－淀粉酶和 β－淀粉酶，根据其水解过程中淀粉黏度的下降速度可分为液化淀粉酶和糖化淀粉酶（惠斯特勒等，1988）。家蚕 α－淀粉酶基因全序列已测定。其全序列长 8 970bp，包括 5 个外显子和 4 个内含子，前端和后端均有一段非编码序列，形成的 hnRNA 含有这 5 个外显子序列，但在成熟的 mRNA 中只含有 Ⅰ、Ⅱ、Ⅲ 这 3 个外显子的序列，共 738nt，除一个起始密码子外，编码的成熟蛋白质是含有 245 个氨基酸残基的多肽。第 Ⅱ 内含子较长，有 4 925bp，全序列共含有 8 个各种类型的重复区段，而且部分重复区段彼此重合。在该内含子里，发现插入了一个反转录转座子，编码含 960 个氨基酸残基的反转录酶（廖芳等，2002）。

已报道的多鱼类 α－淀粉酶均由 512 个氨基酸残基组成，而哺乳类的为 511 个氨基酸组成（如图 3.3 所示）。该试验所克隆的草鱼 α－淀粉酶 cDNA 片段全长为 1 612bp，其完整 ORF 为编码 512 个氨基酸残基。由图 3.3 可见，草鱼 α－淀粉酶的推测氨基酸序列与其他多种脊椎动物的 α2A－淀粉酶的同源性较高，其中与鱼类的 α2A－淀粉酶同源性最高，例如与彩虹胡瓜鱼、胭脂鱼、日本鳗鲡的同源性均为 87%，其次与非洲爪蛙的同源性为 84%，与鸡及猪的同源性均为 83%。同时，草鱼 α－淀粉酶具有其他动物 α2A－淀粉酶高度保守的催化区(28～117) 和羧基端 β 折叠区(422～510)(如图 3.3 所示)。因此，推测该试验所克隆的草鱼淀粉酶也属于 α2A－淀粉酶。

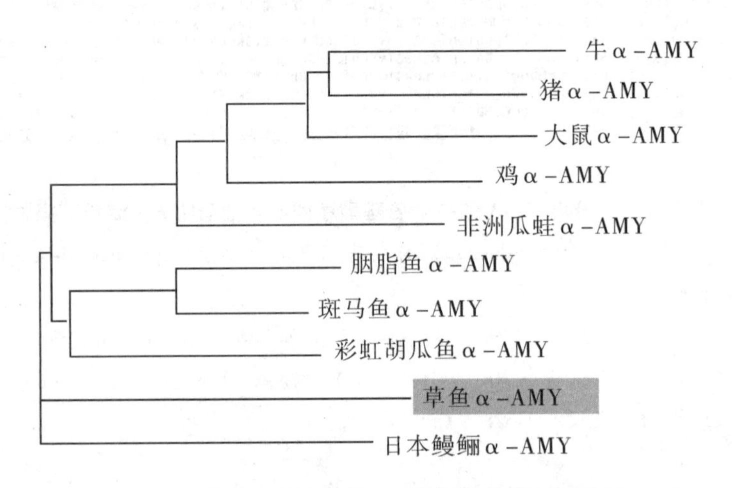

图 3.3　草鱼及其他物种 α－淀粉酶的基因树分析

注：草鱼（ACX35465）、牛（NP_ 001030188）、鸡（NP_ 001001473）、胭脂鱼（ABQ45553）、非洲爪蛙（NP_ 001079910）、彩虹胡瓜鱼（ACO09666）、大鼠（AAH88228）、斑马鱼（AAH62867）、日本鳗鲡（BAB85635）。

3.1.4　小结

该试验首次获得的草鱼 α－淀粉酶 cDNA 片段全长为 1 612bp，包括完整 ORF 为 1 539bp，编码 512 个氨基酸残基，5' RACE UTR 为 14bp，3' RACE UTR 为 59bp，在 NCBI 上的序列号 GQ856659。草鱼 α－淀粉酶的推测氨基酸序列与其他多种脊椎动物的 α2A－淀粉酶的同源性较高，其中与多种鱼类的 α2A－淀粉酶同源性达为 85% 以上；同时，草鱼 α－淀粉酶具有其他动物 α2A－淀粉酶高度保守的催化区（28～117）和羧基端 β 折叠区（422～510）。因此，推测该试验所克隆的草鱼淀粉酶也属于 α2A－淀粉酶。

3.2 棉粕替代豆粕对草鱼消化酶活性及相关基因表达的影响

3.2.1 材料与方法

3.2.1.1 材料

1. 试验动物

草鱼样品材料同2.1试验Ⅰ。

2. 试剂

测定脂肪酶、淀粉酶、蛋白酶的酶活性及肝组织匀浆上清总蛋白质的试剂盒购自南京建成生物工程研究所。

3.2.1.2 方法

1. 肝胰脏α-淀粉酶基因mRNA实时定量PCR检测

（1）实时定量PCR引物设计。

根据已克隆的草鱼α-淀粉酶cDNA序列，荧光定量PCR引物α-AMY-F-4与α-AMY-R-4（如表3.1所示）

（2）草鱼肝脏总RNA的提取。

从液氮中取出草鱼肝脏组织约80 mg（草鱼体重约1kg），置于预冷的研钵中，趁液氮尚未挥发完全时，将组织磨成粉末，并迅加1mL Trizol。肝脏总RNA抽提步骤按Trizol Reagent说明书进行。所提取的肝脏总RNA用2%的琼脂糖电泳检验其分子的完整情况，并分光光度法检测其浓度。

（3）含α-AMY基因的重组子质粒的抽提。

以肝脏总RNA为模板，按照M-MLV试剂说明书方法反转录合成cDNA第一链。以cDNA为模板，α-AMY-F-4与α-AMY-R-4为引物，进行PCR反应。所获cDNA片段克隆于pMD18-T Simple vector，转化感受态细胞*E. coli* Top10。阳性克隆经测序正确后，提取质粒。方法如下：

将阳性克隆株的菌液按1：100的比例接种入3 mL含100 μg/mL氨苄西林（AMP）LB液体培养基中，37℃，220 r/min振荡培养14～16 h，抽提质粒。质粒抽提方法按照E. Z. N. A®质粒回收试剂盒操作说明书进行，具体步骤如下：

① 取2 mL离心管，各加入1 mL菌液，10 000 r/min离心1 min，弃尽上

清液，同样步骤再操作两次；

② 用 250 μL 已加入 RNase 1 的 S1 充分悬浮细菌沉淀；

③ 加入 250 μL S2，温和地充分上下翻转混合 4 ~ 6 次，静置 3 ~ 4 min。避免剧烈混合，否则会导致基因组 DNA 的污染；

④ 加入 350 μL S3，温和地上下翻转混合 8 ~ 10 次，直至形成白色絮状沉淀，室温静置 2 min 后，10 000 r/min 离心 10 min；

⑤ 上清液加入吸附柱中，10 000 r/min 离心 1 min；

⑥ 弃滤液，加入 500 μL W1，10 000 r/min 离心 1 min；

⑦ 弃滤液，加入 700 μL 已加无水乙醇的 W2，10 000 r/min 离心 1 min；

⑧ 将吸附柱置于一个 1.5 mL 空离心管中，12 000 r/min 离心 1 min，以甩去残留的液体；

⑨ 将吸附柱置于另一个新的洁净 1.5 mL 离心管中，在吸附柱膜中央加入 30 μL TE，室温静置 3 min，12 000 r/min 离心 1 min 洗脱 DNA，洗脱液中即含有抽提出来的质粒 DNA。

抽提好的质粒，取 1 μL 用 0.8% 琼脂糖凝胶进行电泳检测，同时用紫外分光光度计测定各质粒浓度。

根据公式：拷贝数浓度（copies/μL）$= 6.02 \times 10^{23} \times C/MWt$（其中 C 为重组质粒浓度；MWt 为重组质粒的分子量）计算重组质粒母液的拷贝数浓度（C，g/μL）(Yin et al.，2001)。根据等比稀释 10 倍的方法将重组质粒稀释成系列浓度的标准品。

（4）α - AMY 的实时荧光定量 PCR。

实时荧光定量 PCR 采用 Real Time RNA PCR Kit，方法按说明书进行。采用绝对定量 PCR 来检测各基因的 cDNA 丰度，每个样品重复 4 次。不同稀释梯度的重组质粒作为标准曲线。荧光定量 PCR 反应体系为：2 × SYBR® Premix Ex Taq™ 12.5 μL，模板 cDNA 溶液 1 μL，正向引物 GPX2 - F（20 μmol/L）0.5 μL、GPX2 - R（20 μmol/L）0.5 μL，加 ddH_2O 至终体积 25 μL。PCR 反应为 95℃ 预热 60s，然后 45 个循环（95℃ 10s、62℃ 15s 和 72℃ 15s），最后 72℃ 3min，每升高 0.2℃ 保持 0.02 s 读板记录荧光量；熔解曲线的反应条件为 64℃ ~92℃，每升高 0.2℃ 保持 0.02 s 读板记录荧光量。

实时荧光定量 PCR 结束后，用 SDS 软件进行分析，导出的 Excel 文件中包含每个样品的 Ct 值和相应的拷贝数浓度，用 Excel 2003 软件进行处理，得

到各样本的α-淀粉酶基因mRNA的表达丰度。

2. 草鱼消化酶活性的测定

（1）脂肪酶活性的测定。

①将紫外分光光度计调于420nm处以缓冲液Tris调零，1cm光径玻璃比色皿。

②将底物缓冲液，37℃预温5min以上。

③往相应编号试管中加入0.025 mL 20%的组织匀浆，试剂盒提供的反应底物，即甘油三酯和水制成的乳胶0.025mL（其酶活性测定的原理：因其胶束对入射光的吸收及散射而具有乳浊性状，具有一定的吸光值。底物在脂肪酶作用下发生水解，使胶束分裂，散射光或浊度因而减低，吸光值降低，减低的速率与脂肪酶活性有关），然后用5 mL加样器吸取4 mL预温的底物缓冲液冲入试管中，迅速用保鲜薄膜盖住管口，再用拇指摁住，立即颠倒混合液5次。

④迅速倒入比色皿中，在紫外分光光度计420 nm处比浊，读取吸光度值（A_1）。

⑤将此比色液倒入原试管中置37°C准确水浴10min，再用上法比色读取吸光度值（A_2）。

⑥求出两次吸光度差值（$\Delta A = A_1 - A_2$）。

⑦取底物缓冲液4 mL加入0.9%氯化钠50 μL，420 nm比浊，读取吸光度值A_s。

单位定义：

在37℃条件下，每克组织蛋白在本反应体系中与底物反应1min，每消耗1 μmol底物为1个酶活性单位。

计算公式：

脂肪酶活性（U/L）$=\Delta A/A_s\times$标准管浓度×测定管底物毫升数（4）/样本毫升数（0.025）/反应时间/20%组织匀浆液蛋白浓度

（2）淀粉酶活性的测定。

操作表：

试剂名称	空白管	测定管
底物缓冲液（mL）37℃预温5min	0.5	0.5
待测样本（mL）		0.1

（续上表）

试剂名称	空白管	测定管
混匀，37℃水浴，准确反应7.5min		
碘反应液（mL）	0.5	0.5
蒸馏水（mL）	3.1	3.0

①酶单位定义：

组织中每毫克蛋白在37℃与底物作用30 min，水解10 mg淀粉定义为一个淀粉酶活性单位。

②计算公式：

淀粉酶活性（U/mg protein）＝（空白管吸光度－测定管吸光度）/空白管吸光度×0.4×0.5/10×30/7.5×（取样量×待测样本蛋白含量）

（3）胰蛋白酶活性的测定。

①样本制备：取待测组织，称重后，按重量体积比1∶9加入样本匀浆介质，在冰浴条件下，充分匀浆，将所制得的悬浮液2 500 r/min，离心8～10 min，上清液即为样本。

②操作表：

试剂名称	空白管	测定管
胰蛋白酶底物应用液（mL）	1.5	1.5
37℃预温5min		
样本（mL）		0.015
样本匀浆介质（mL）	0.015	

③酶单位定义：在pH值为8.0、37℃条件下，每毫克蛋白中含有的胰蛋白酶每分钟使吸光度变化0.003，即为一个胰蛋白酶活性单位。

④计算公式：

胰蛋白酶活性（U/mL）＝［测定（A_1-A_2）－空白（A_1-A_2）］/反应时间（20）/0.003×反应总体积（$1.5+a$）/样本取样量（a）/（样本中蛋白浓度×样本取样量）

3.2.2 结果

3.2.2.1 草鱼α-淀粉酶用于荧光定量PCR的序列片段克隆

所筛选的α-淀粉酶阳性重组子的测序结果及相关软件分析表明，所克隆用于荧光定量PCR的序列片段长311bp，与已克隆的草鱼α-淀粉酶cDNA序列100%同源，可用荧光定量PCR分析。

3.2.2.2 棉粕替代豆粕对草鱼α-淀粉酶活性及肝α-淀粉酶基因表达的影响

棉粕替代豆粕对草鱼肝胰脏及肠道α-淀粉酶活性影响如图3.4所示。由图4.3可见，棉粕替代豆粕对各组草鱼肝胰脏AMY活性影响不明显，每组之间差异不显著（$p>0.05$）。但棉粕替代豆粕对草鱼肠道AMY活性的影响有差异，当棉粕完全替代豆粕时，CSM100组鱼的肠道AMY的活性显著高于其他试验组及对照组（$p<0.05$）。此外，草鱼肝脏AMY的活性明显高于肠道。

α-淀粉酶基因荧光定量PCR的标准曲线（A）、熔解曲线（B）和定量扩增曲线（C）如图3.5所示。由图3.5可见，α-淀粉酶基因的荧光定量PCR没有非特异扩增。

棉粕替代豆粕对草鱼肝胰脏AMY mRNA表达丰度的影响如图3.6所示。由图3.6可见，棉粕替代豆粕对各组草鱼肝胰脏AMY mRNA表达丰度影响不明显，每组之间差异不显著（$p>0.05$）。

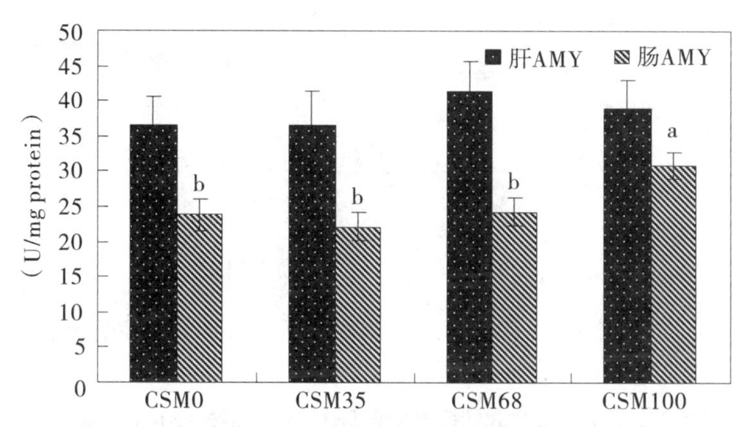

图3.4 棉粕替代豆粕对草鱼肝胰脏与肠道淀粉酶活性的影响

注：图中同一组数据柱形图上方标有不同的小写字母表示差异显著（$p<0.05$），标有相同的小写字母或不标注表示差异不显著（$p>0.05$）。

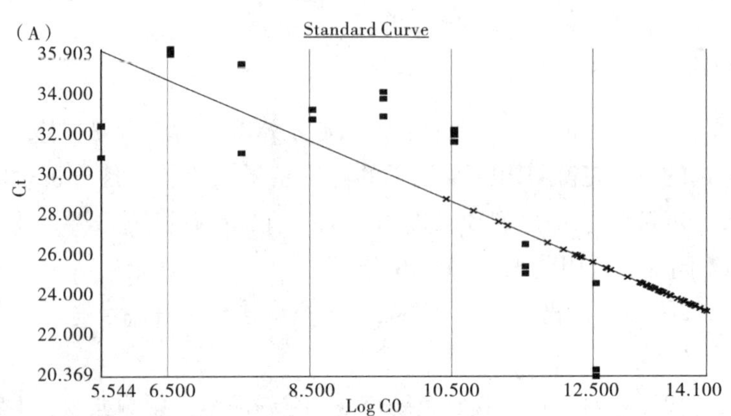

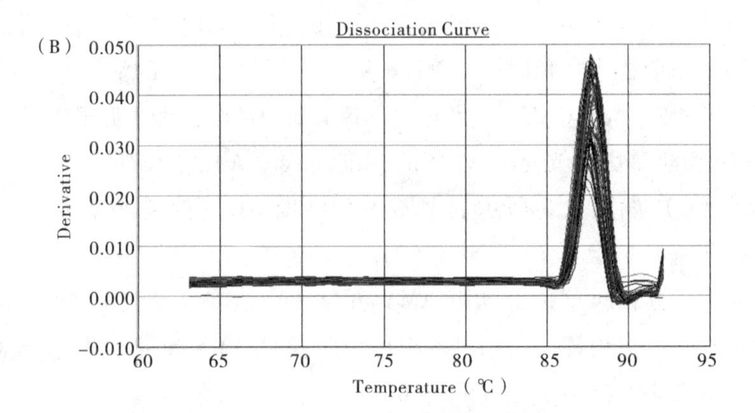

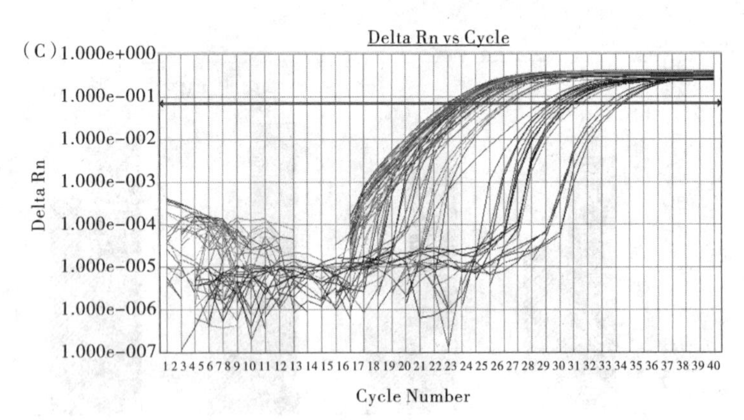

图 3.5 α-淀粉酶基因荧光定量 PCR 的标准曲线（A）、熔解曲线（B）和定量扩增曲线（C）

注：图（A）中“Standard Curve”表示“标准曲线”；图（B）中“Dissociation Curve”表示“熔解曲线”；图（C）“Delta Rn vs Cycle”表示“定量扩增曲线”。

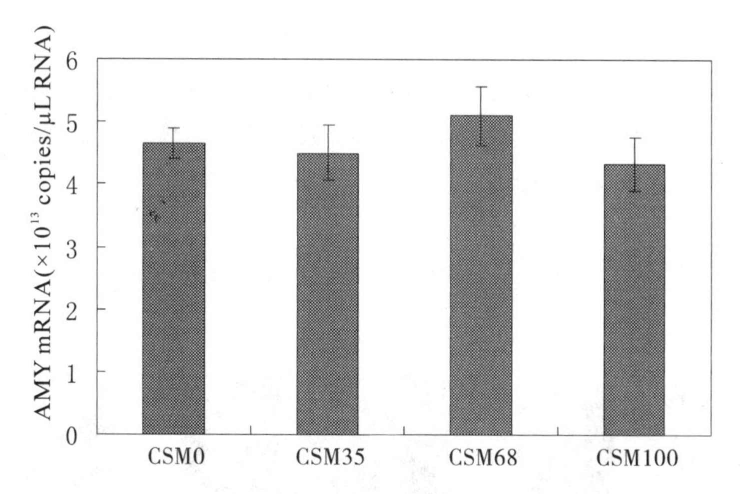

图 3.6　棉粕替代豆粕对草鱼肝胰脏淀粉酶基因 mRNA 表达丰度的影响

3.2.2.3　棉粕替代豆粕对草鱼蛋白酶活性的影响

棉粕替代豆粕对草鱼肝胰脏及肠道蛋白酶活性影响如图 3.7 所示。由图 3.7 可见，棉粕替代豆粕对各组草鱼肝胰脏蛋白酶活性影响不明显，每组之间差异不显著（$p>0.05$）。但棉粕替代豆粕对肠道蛋白酶活性有影响，当棉粕完全替代豆粕时，CSM100 组鱼的肠道蛋白酶活性显著低于其他试验组及对照组（$p<0.05$）。

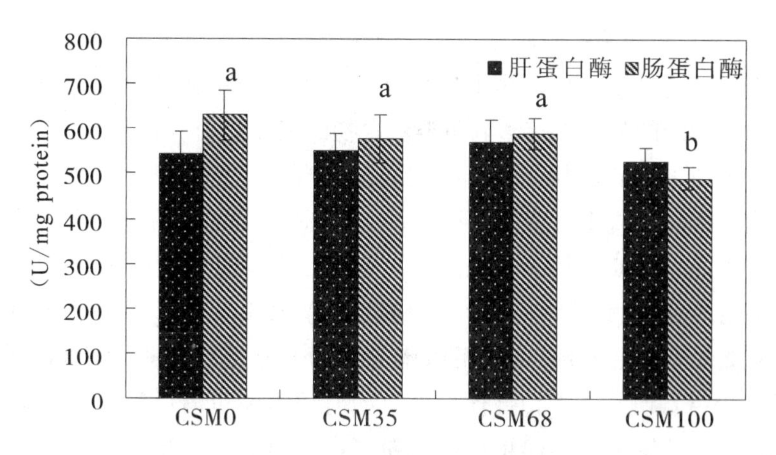

图 3.7　棉粕替代豆粕对草鱼肝胰脏与肠道胰蛋白酶活性的影响

注：图中同一组数据柱形图上方标有不同的小写字母表示差异显著（$p<0.05$），标有相同的小写字母或不标注表示差异不显著（$p>0.05$）。

3.2.2.4　棉粕替代豆粕对草鱼脂肪酶活性的影响

棉粕替代豆粕对草鱼肝胰脏及肠道脂肪酶活性影响如图3.8所示。由图3.8可见，棉粕替代豆粕对各组草鱼肝胰脏及肠道脂肪酶活性影响不明显，每组之间差异不显著（$p>0.05$）。

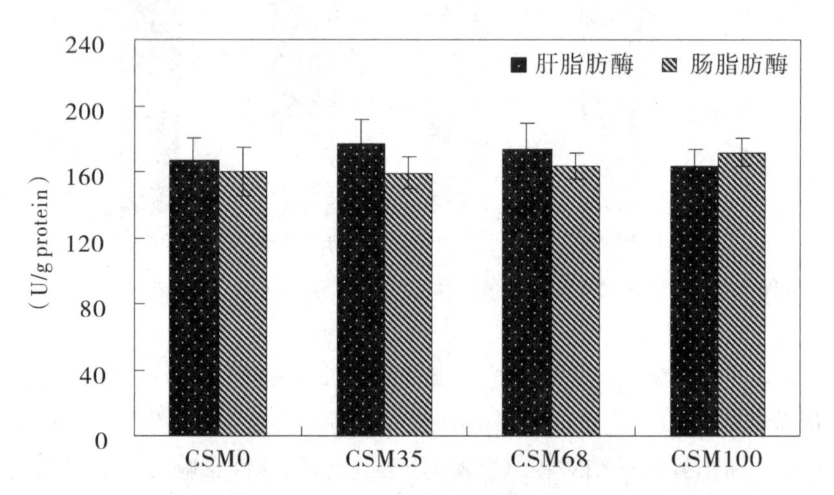

图3.8　棉粕替代豆粕对草鱼肝胰脏及肠道脂肪酶活性的影响

3.2.3　讨论

3.2.3.1　棉粕替代豆粕对草鱼淀粉酶活性及淀粉酶基因表达的影响

鱼类淀粉酶是碳水化合物水解酶类的一种，肝胰脏是淀粉酶中心生成器官，其分泌机能的强弱直接影响鱼类对食物的消化能力（陈春娜，2008）。草鱼是无胃鱼类，其食道与肠道直接相通，前端大，从组织学上观察未发现胃腺，生化分析缺乏胃蛋白酶——盐酸系统，肠代替了胃的消化作用。

王重刚等（1998）认为，在淀粉含量高的饲料组（配合饲料）淀粉酶活性高，是由于淀粉酶的活性被食物所诱导；李瑾等（2002）用不同饲料饲喂幼鳝研究淀粉酶活性发现，淀粉酶活性随着饲料中淀粉含量的增加而增加。杨彬彬等（2015）研究了棉粕替代部分鱼粉对黑鲷幼鱼消化酶活性及肠道组织结构的影响，结果表明，棉粕替代鱼粉蛋白明显影响胃蛋白酶、前肠胰蛋白酶活性，当棉粕替代比例高于30%时，胃蛋白酶活性显著下降；当棉粕替代比例高于60%时，前肠胰蛋白酶活性显著下降；随着饲料中棉粕替代比例的升高，中、后肠脂肪酶活性均显著下降，而胃和中肠淀粉酶活性则显著增加。

该试验结果与大多数研究者的结果相近。棉粕替代豆粕对各组草鱼肝胰脏淀粉酶活性及其 mRNA 表达丰度影响不明显（$p>0.05$），推测饲料中豆粕或棉粕作为淀粉酶的作用底物，由于饲料中可消化多糖的含量相近，没有影响肝胰脏淀粉酶的合成与分泌。但当棉粕完全替代豆粕时，CSM100 组鱼的肠道淀粉酶的活性显著高于其他试验组及对照组（$p<0.05$），推测虽然不同组饲料的可消化多糖含量相近，但其所含的不可消化多糖粗纤维不一致（棉粕中粗纤维约为豆粕的 2 倍），CSM100 组饲料中粗纤维最高，增加了对草鱼肠道黏膜的刺激，从而引起肠道淀粉酶活性的提高。但也有与此不一的研究结果。孙盛明等（2008）用豆粕、菜粕按蛋白含量 1：1 的比例分别替代 25%、50%、75%、100% 的鱼粉投喂青鱼，结果表明豆粕和菜粕替代鱼粉对青鱼肠道、肝胰脏淀粉酶活性的影响差异不显著（$p>0.05$）。该试验中的结果与孙盛明等（2008）研究结果之间存在差异的原因可能是不同鱼种对饲料中粗纤维的反应不一致。

目前，关于鱼体中消化酶的基因表达及调控机理的研究报道还较少。Evelyne 等（1994）认为淀粉酶的合成在转录水平进行调节机理。王纪亭等（2009）在奥尼罗非鱼饲料中添加 0.01% 和 0.02% 的非淀粉多糖酶时，发现对肝胰脏 α－淀粉酶 mRNA 表达丰度无影响，而当添加量较高时（0.04%）将抑制其表达。Muhlia－Almazán 等（2003）认为，南美白对虾消化道中蛋白酶活性受胰腺中蛋白酶基因表达量调节。刘文斌和王恬（2006）研究了棉粕蛋白酶解物对异育银鲫胰蛋白酶 mRNA 表达丰度的影响，结果表明，胰蛋白酶 mRNA 表达水平随棉粕酶解产物添加梯度提高而相应提高。该试验结果表明，棉粕替代豆粕对各组草鱼肝胰脏淀粉酶活性及其 mRNA 表达丰度影响不明显（$p>0.05$），推测饲料中棉粕替代豆粕作为淀粉酶的作用底物没有改变肝胰脏淀粉酶的合成与分泌。

Nam 等（2005）也认为基因表达的 mRNA 水平不总能反映其酶活状态。将草鱼淀粉酶活性及其基因表达进行比较有利于了解淀粉酶的表达调控机制。本研究结果表明，肝胰脏是淀粉酶的合成中心，但肝胰脏中淀粉酶的基因表达没有因棉粕水平的变化而变化，但肠道中淀粉酶的活性在 CSM100 组显著提高。因此，推测 CSM100 组淀粉酶活性的提高是翻译后水平调控的。

3.2.3.2　棉粕替代豆粕对草鱼蛋白酶活性的影响

对黑鲷（卓立应，2006）、草鱼（黄耀桐、刘永坚，1988）和黄鳝（杨代勤，2003）的研究发现，鱼类蛋白酶的分泌和活性大小与所摄取的食物性质和数量有关。以红鱼粉为饲料蛋白源，配制成蛋白含量分别为31.04%～50.33%五种饲料投喂翘嘴红鲌，肠道蛋白酶活性随着饲料蛋白水平提高而显著增强（$p<0.05$）（钱曦等，2007）；饲料中蛋白水平由40%升高到46%，牙鲆肠道蛋白酶活性显著增强（$p<0.05$），之后随饲料蛋白水平上升，肠道蛋白酶活性保持基本稳定（李金秋等，2005）。该试验结果表明，棉粕部分替代豆粕时，草鱼肠道蛋白酶与对照组无显著差异。可见，草鱼肠道消化酶可以适应棉粕与豆粕作为饲料的混合蛋白源。

饲料的组成成分对鱼体蛋白酶活性有明显的影响。孙盛明等（2008）研究表明，豆粕和菜粕替代25%鱼粉组、替代50%鱼粉组和对照组对青鱼肠道、肝胰脏蛋白酶活性影响差异不显著（$p>0.05$），但随着替代水平的进一步提高，其蛋白酶活性降低。Caruso 等（1993）用鲜活饵料和人工配合饲料喂养腋斑小鲷（*Pagellus acarne*）20d 后发现，摄食鲜活饵料的鱼蛋白酶、弹性蛋白酶的总量比摄食人工配合饲料的要高，且蛋白酶活性的增加与鱼的生长相关。该试验结果，棉粕替代豆粕对各组草鱼肝胰脏蛋白酶活性影响不明显；当棉粕完全替代豆粕时，CSM100 组鱼的肠道蛋白酶的活性显著低于其他试验组及对照组（$p<0.05$）。可见，由于各组饲料的蛋白比例相近，草鱼的肝胰脏对蛋白酶的合成与分泌不受其饲料成分的影响。但当棉粕完全替代豆粕时，由于棉粕中具有较多的抗营养因子如游离棉酚可与蛋白质结合等，导致部分肠道蛋白酶受到抑制。本结果与孙盛明等（2008）研究结果相近。同时，该试验结果还表明了蛋白酶的活性与草鱼的生长密切相关，较低的蛋白酶活性必然影响草鱼对蛋白质的消化与吸收，从而引起草鱼体内的蛋白质合成减少，导致生长速度下降。

3.2.3.3　棉粕替代豆粕对草鱼脂肪酶活性的影响

倪寿文等（1990）认为鱼类脂肪酶活性与食性的关系，不像蛋白酶和淀粉酶那样具有明显的相关性。杨奇慧等（2008）比较了投喂冰鲜鱼和人工配合饲料的军曹鱼组织消化酶活性的差异，结果表明胃及前肠的脂肪酶活性两种饲料差异不显著，但肝脏的脂肪酶活性则人工配合饲料组显著高于冰鲜鱼组。钱曦等（2007）研究结果表明，肝胰脏和肠道的脂肪酶活性不受饲料中豆粕替代鱼粉的影响。邹师哲等（1998）研究结果表明，饲料中不同动植物蛋白比对鲤鱼脂肪酶活性影响不显著。该试验结果与钱曦等（2007）及邹师哲等（1998）的结果一致，棉粕替代豆粕对各组草鱼肝胰脏及肠道脂肪酶活性影响不显著（$p>0.05$），表明草鱼脂肪酶的活性不受饲料中豆粕与棉粕含量的影响。

3.2.4 小结

棉粕替代豆粕对各组草鱼肝胰脏消化酶活性及α-淀粉酶基因表达均没有影响，但对肠道消化酶活性影响有差异。当棉粕完全替代豆粕时，CSM100组鱼的肠道α-淀粉酶的活性显著高于其他组，肠道蛋白酶的活性显著低于其他组，脂肪酶活性各组之间差异不明显。可见，饲料中棉粕替代豆粕不影响草鱼肝胰脏消化酶活性，但影响肠道消化酶的活性，推测由于消化道中饲料成分的改变导致相关消化酶活性发生变化，将进一步影响草鱼对饲料中营养物质的消化与吸收。

4 棉粕替代豆粕对草鱼抗氧化相关酶活性及其基因表达的影响

在水产集约化养殖中，水产动物面临着大量的应激，如营养、环境、代谢等的激烈变化，容易诱发疾病，甚至死亡。饲料的营养物质及其抗营养因子影响水产动物的健康状况，水产动物的健康状况反过来影响饲料的营养需要量。因此，营养与分子免疫学日益成为水产动物营养学的研究热点。

生物体在长期的进化过程中，形成了一套完整的保护体系——抗氧化系统来清除体内多余的活性氧。抗氧化系统包括非酶类抗氧化剂和酶类抗氧化剂。非酶类抗氧化剂主要有维生素 E、维生素 C、谷胱甘肽、一氧化氮、β－胡萝卜素等；酶类抗氧化剂主要有超氧化物歧化酶（SOD）、过氧化氢酶（CAT）及谷胱甘肽过氧化物酶（GSH－Px）等。SOD 在清除活性氧反应过程中第一个发挥作用，它将超氧阴离子自由基快速歧化为过氧化氢和分子氧；过氧化氢在 CAT 和 GSH－Px 的作用下转化为水和分子氧（张克烽等，2007）。因此，SOD、CAT 和 GSH－Px 具有清除氧自由基、保护细胞免受氧化损伤的作用。由于抗氧化系统与生物体的免疫力密切相关，其各成分的活性或含量的变化往往与某些疾病有关。因此，对于抗氧化系统中主要酶类基因的研究正日益受到重视。一些研究表明，抗氧化物酶可作为应激或免疫反应生物标记（stress-and immune-response biomarkers），通过测定相关酶活性及基因转录 mRNA 水平，来评估动物包括鱼类的健康压力（Sagstad et al.，2007；Tovar-Ramírez et al.，2010）。

目前，还没有关于棉粕替代豆粕对草鱼抗氧化能力及其相关酶的表达研究报道。该试验以草鱼为试验对象，棉粕部分或全部替代豆粕，研究棉粕替代豆粕对草鱼生长及抗氧化生理机能的影响，进而了解草鱼饲料中棉粕的适宜添加量，以期为草鱼人工饲料的科学配制提供参考依据。

4.1 草鱼抗氧化相关酶基因的克隆及序列分析

4.1.1 材料与方法

4.1.1.1 材料

试验动物同2.1试验Ⅰ。试验试剂同2.1.3.1。

4.1.1.2 方法

1. 引物设计与合成

根据GenBank中已报道的斑马鱼、鲢鱼（*Hypophthalmichthys molitrix*）、尼罗罗非鱼（*Oreochromis niloticus*）、条石鲷（*Oplegnathus fasciatus*）与虹鳟（*Oncorhynchvs mykiss*）、猪（*Sus scrofa*）、牛（*Bos taurus*）、人（*Homo sapiens*）等多个物种的同源序列，设计出用于核心序列扩增的引物，由上海英骏生物技术有限公司合成。在获得核心序列后，进一步设计5'RACE或3'RACE引物，引物名称及用途见表4.1至表4.3。

表4.1 草鱼GSH-Px引物名称及其核苷酸序列

引物名称	引物序列（5' to 3'）	用途
GSH-Px-F-1	GTTAACTGCTTGTTCGACCATG	核心片段克隆
GSH-Px-R-1	CCTGAGCTGTGCAATTCATGGA	
GSH-Px-3'RACE-F1	GACGCTGTGTCCCTGATGGGTGA	3'RACE克隆
GSH-Px-3'RACE-F2	GGAACCGTTCAAGCGGTACAGCA	
GSH-Px-3'RACE-R2	CAGTTACATCAGAAACTTCCCTCAG	
GSH-Px-GSP1	CTCGAAGCCATTTCCCGGACGGACA	5'RACE克隆
GSH-Px-GSP2	TGCAGGGAGCGCCCAGAATAACCA	
GSH-Px-NP	CCCTGACAAAAGCTTGGCGGACAGA	

表4.2 草鱼SOD引物名称及其核苷酸序列

引物名称	引物序列（5' to 3'）	用途
SOD-F-1	CCGGTGAAGTGACCGGCACCGT	核心片段克隆
SOD-R-1	ACTCCACAGGCCAGACGACCGC	

（续上表）

引物名称	引物序列（5' to 3'）	用途
SOD－3'RACE－F1	GACTCCATCATTGGAGGACCA	3'RACE 克隆
SOD－3'RACE－F2	GGTGATCCATGAGAAGGAGGAT	
SOD－3'RACE－F3	CTTGGGGAAGGGAGGCAATGA	
SOD－ GSP1	GAGTCTGGCCCTGACAGGGTCAGCA	5'RACE 克隆
SOD－ GSP2	CATTACCAAGGTCTCCGACGTGTCT	
SOD－NP	GAAGTGCGGACCTGCACTGATGCA	

表 4.3　草鱼 CAT 引物名称及其核苷酸序列

引物名称	引物序列（5' to 3'）	碱基位置
CAT－F－1	CGGTTGGGGACAAGTTAAACCT	nt 216～237
CAT－R－1	TCATCGTCTGAACTGTTGTATCGG	nt 1 405～1 428
CAT－F－2	GTTTACTGATGAAATGGCCCACTT	nt 283～306
CAT－R－2	GACACTTTGACTCGAGGAAGCA	nt 1 364～1 385
CAT－3'RACE－F1	GACACACATCGGCATCGGCTTGGA	nt 1 193～1 216
CAT－3'RACE－F2	TGTGCATGTACGATAACCAGGG	nt 1 290～1 311

2. 肝脏总 RNA 的提取、检测和 DNase－I 处理

肝脏总 RNA 的提取、检测和 DNase－I 处理同方法 3. 1. 1. 2。

3. 采用 RT－PCR 及 RACE 技术扩增抗氧化酶基因

SOD、CAT 和 GSH－Px cDNA 的克隆方法与 3. 1. 1. 2 基本相同。

4. 1. 2　结果

4. 1. 2. 1　GSH－Px 基因 cDNA 全长的克隆

1. GSH－Px 基因 cDNA 的序列分析

草鱼 GSH－Px 的 PCR 检测电泳分别如图 4. 1a、b 与 c 所示。由图可见，所克隆的 GSH－Px 的核心片段为 838bp，3'RACE 片段为 382bp，5'RACE 片段为 71bp。经相关软件分析，该三部分拼接后，获得 GSH－Px cDNA 全长如图 4. 2 所示。由图 4. 2 可见，该序列长为 889bp，包括 ORF 为 576bp，编码 191 个氨基酸残基，5'RACE UTR 为 17bp，3'RACE UTR 为 297bp。在 3'

RACE UTR 中有 PolyA 信号序列 AATAAA。在 GSH－Px cDNA 推测氨基酸的第 40 位，具有由 TGA 编码的硒代半胱氨酸（Sec）。该序列在 NCBI 上的登录号为 EU828796。

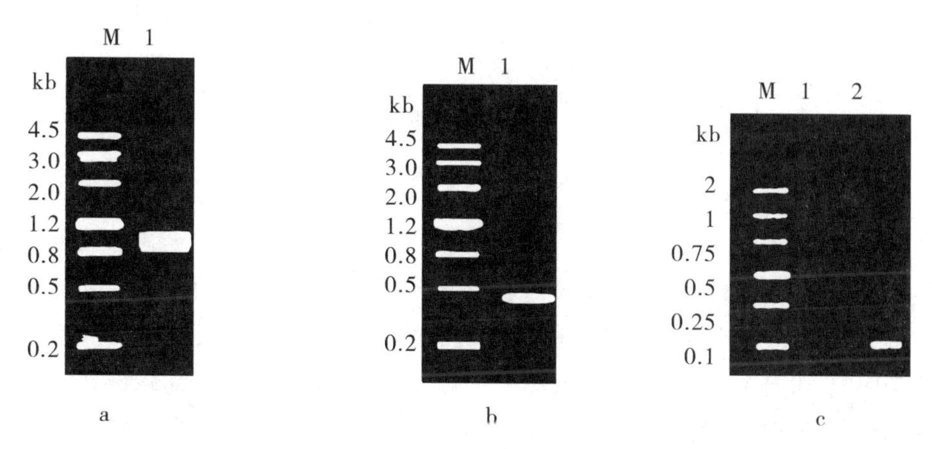

图 4.1　草鱼 GSH－Px 核心、3'RACE 及 5'RACE 序列的 PCR 检测

注："M" 代表 DNA 分子标准，a 与 b 中的 "1" 及 c 中的 "2" 分别代表目的基因。

1　TAACTGCGTGTTCGAGC
18　**ATG**ACAGGGACCATGAAGAAGTTTTATGATCTGTCCGCCAAGCTTTTGTCAGGGGAC
1　M T G T M K K F Y D L S A K L L S G D
75　CTCCTGAATTTTTCGTCTCTCAAAGGTAAAGTTGTGCTTATTGAAAATGTGGCGTCG
20　L L N F S S L K G K V V L I E N V A S
132　CTT**TGA**GGCACAACAGTCAGGGATTACACTCAGATGAACGAGCTCCACAGTTGTTAT
39　L - G T T V R D Y T Q M N E L H S C Y
189　GCTGATCAGGGGCTGGTTATTCTGGGCGCTCCCTGCAACCAGTTCGGACATCAGGAG
58　A D Q G L V I L G A P C N Q F G H Q E
246　AACTGCAAGAATGATGAAATTCTGAAATCTCTGAAGTATGTCCGTCCGGGAAATGGC
77　N C K N D E I L K S L K Y V R P G N G
303　TTCGAGCCCAAATTCCAGCTTCTGGAGAAGCTGGAAGTGAATGGTGAGAACGCCCAC
96　F E P K F Q L L E K L E V N G E N A H
360　CCTCTGTTTGTGTTCCTGAAAGAGAAGCTGCCTCAACCCAGTGATGACGCTGTGTCC
115　P L F V F L K E K L P Q P S D D A V S
417　CTGATGGGTGATCCCAAATTCATCATCTGGAGTCCCGTGAACAGGAATGACATCGCC
134　L M G D P K F I I W S P V N R N D I A
474　TGGAACTTTGAGAAGTTCCTCATTGGCCCGGACGGGGAACCGTTCAAGCGGTACAGC
153　W N F E K F L I G P D G E P F K R Y S
531　AGAAGGTTCCTCACCAGCGACATTGAAGCAGATATCAAAGAGCTTCTCAAGAGGACG
172　R R F L T S D I E A D I K E L L K R T
588　AAG**TAA**ATCTGGCAGGCAGCCTTCTAGTGTTTGGCAACGCAAGATAGACCGTCCACTG
191　K *

645 CCTATCTCATGAAGCCATAAGATTGTTGTTTGATATAAGCCGACTGTGCAGACATGA
702 TTAAAGTGCGACTGTTTTTAGACTTTTTACTTAATGAAGATGCTTCCTAAAACCTT
759 TCTGAGGGAAGTTTCTGATGTAACTGTAGAGGTTTATTATAATAGTTGTGTTTTATC
816 CATGAATTGCACAGCTCAGGTTTTGTCTTTCAACCGTTAACTGAA**AATAAA**AAAAAA
873 AATAAAAAAAAAAAAAA

图 4.2 草鱼 GSH－Px cDNA 核苷酸序列及推导的氨基酸序列

注：“－”代表硒代半胱氨酸，“－”及“TGA”用方框标出；PolyA 信号序列“AATAAA”用加粗与下划线标出；起始密码子“ATG”与终止密码子“TAA”用加粗标出。

2. 草鱼 GSH－Px 的推测氨基酸序列与其他动物 GSH－Px 的同源性比较

通过 Vector NTI Suite 6.0 分析表明，草鱼 GSH－Px 与多种鱼类的同源性较高，为 84%～97%；而与多种哺乳动物的 GSH－Px1 的同源性低一些，约为 70%（如表 4.4 所示）。由表 4.4 可见，草鱼 GSH－Px 的推测氨基酸序列与鲢鱼的同源性最高，为 97.4%，与斑马鱼的同源性稍低一些，为 95.8%；而与哺乳动物大鼠的同源性为 69.7%。

表 4.4 草鱼与其他动物 GSH－Px 的同源性比较

单位：%

	鲢鱼	斑马鱼	尼罗罗非鱼	条石鲷	虹鳟	日本鳗鲡	马	人	大鼠	牛	猪
草鱼	97.4	95.8	89.0	89.0	84.8	83.8	71.6	69.8	69.7	68.8	67.5

注：草鱼（ACF39780）、鲢鱼（EU108012）、斑马鱼（NP_ 001007282）、尼罗罗非鱼（ACV93251）、条石鲷（AY734530）、虹鳟（AY622862）、日本鳗鲡（ACN78878）、马（NP _ 001159951）、人（AAA67540）、大鼠（NP _ 110453）、牛（NP _ 776501）、猪（NP_999366）。

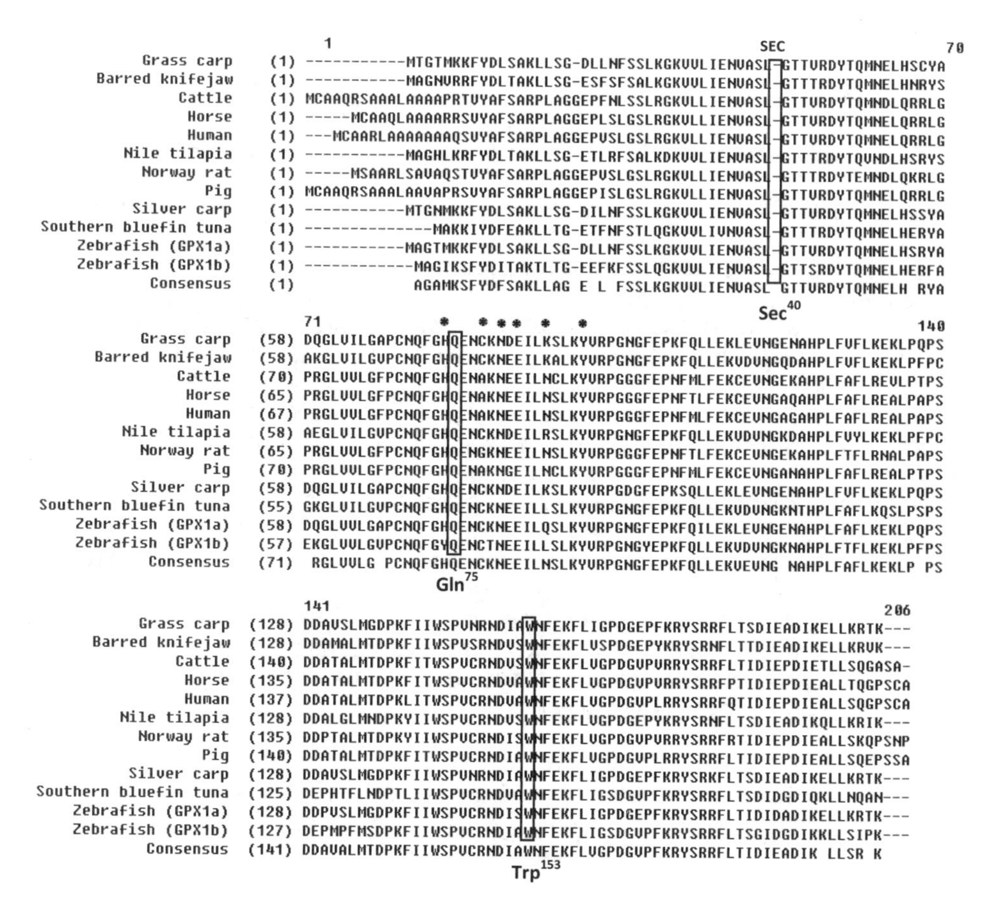

图 4.3 草鱼 GSH－Px 与其他脊椎动物 GSH－Px 的同源性比较

注：①所引用的 NCBI 序列同表 4.4。

②第一个方框中“－”代表硒代半胱氨酸；三个方框中氨基酸残基分别代表催化位点的硒代半胱氨酸“－”（Sec^{40}）、谷酰胺“Q”（Gln^{75}）和色氨酸“W”（Trp^{153}）残基；“＊”所标注的氨基酸残基代表二聚体接触面的氨基酸残基。

4.1.2.2 SOD 基因 cDNA 全长序列的克隆及序列分析

1. SOD 基因 cDNA 的序列分析

所筛选的阳性重组子经测序及相关软件分析表明，所获得 SOD 的 cDNA 全长如图 4.4 所示。由图 4.4 可见，SOD 的 cDNA 全长为 725bp，包括 ORF 为 465bp，编码 154 个氨基酸残基，5’RACE UTR 为 18bp，3’RACE UTR 为 242bp，在 3’RACE UTR 的非编码区中有 PolyA 信号序列 AATAAA。该序列在 NCBI 上的登录号为 GU901214。

1 ACGCGGGGACAAATCAAC
19 **ATG**GTGAATAAGGCTGTTTGCGTGCTAAAAGGCGACGGGCAAGTGACCGGAACCGTT
1 M V N K A V C V L K G D G Q V T G T V
76 TATTTCGAGCAAGAGGGTGAAAAGTCTCCAGTGACGCTCTCGGGTGAAATCACTGGC
20 Y F E Q E G E K S P V T L S G E I T G
133 CTTACTGCAGGAAAACATGGCTTCCATGTCCATGCTTTTGGAGACAACACAAACGGC
39 L T A G K H G F H V H A F G D N T N G
190 TGCATCAGTGCAGGTCCGCACTTCAACCCTTACAGTAAAAATCACGGTGGACCAACC
58 C I S A G P H F N P Y S K N H G G P T
247 GATAGTGAAAGACACGTCGGAGACCTTGGTAATGTGATAGCTGGTGAAAATGGGGTT
77 D S E R H V G D L G N V I A G E N G V
304 GCAAAAATTGACATTGTGGACAAAATGCTGACCCTGTCAGGGCCAGACTCCATCATT
96 A K I D I V D K M L T L S G P D S I I
361 GGGAGGACCATGGTGATCCATGAGAAGGAGGATGACTTGGGGAAGGGAGGCAATGAG
115 G R T M V I H E K E D D L G K G G N E
418 GAAAGTCTTAAAACTGGCAATGCCGGAGGTCGTCTGGCCTGTGGTGTTATAGGCATC
134 E S L K T G N A G G R L A C G V I G I
475 ACTCAG**TAG**TGTCCTGCTCCAATCATAGAGGCAGCTTGGAAATATTAGTGACCAATG
153 T Q *
532 TGGATCCCCCCGTAAGCACTTAGTAAACTGATGAATACATCTTTATTTTTGGCAAGT
589 TAATGTTTAAAGAATTGTACTTTATCCATGTGAAGCCGTTTTTCTGGTACATTTCTT
646 CTCATAGCTACAAAGTGGTGCATTTCCTCTGATTTCTGCTTTGTTC**AATAAA**CATTG
703 ATCAGGCTGGAAAAAAAAAAAAAA

图 4.4　草鱼 SOD cDNA 核苷酸序列及推导的氨基酸序列

注：PolyA 信号序列“AATAAA”用加粗及下划线标出；起始密码子“ATG”与终止密码子“TAG”分别用加粗标出。

2. 草鱼 SOD 的推测氨基酸序列与其他生物 SOD 的同源性比较

草鱼 SOD cDNA 的推测氨基酸序列与其他生物的 SOD 进行同源性比较如图 4.6 所示，由图 4.6 可见，草鱼 SOD 具有其他动物 *Cu/Zn－SOD* 保守的铜离子结合位点（His^{47}、His^{49}、His^{64}、His^{121}）及保守的锌离子结合位点（His^{64}、His^{72}、His^{81}、Asp^{84}）。基于六种鱼类与四种哺乳动物及一种贝类的 *Cu/Zn－SOD* 一级结构序列，构建系统进化树（见图 4.5）。经相关软件分析表明，草鱼 SOD 与鱼类的同源性高于其他动物，例如同属于鲤形目的朝鲜䱻（*Hemibarbus mylodon*，ACR56338）和斑马鱼（NP_ 571369）的 *Cu/Zn－SOD* 同源性最高分别为 89.6% 与 89%；与鲈形目的真鲷（*Pagrus major*，AAO15363）的同源性为 87%，与条石鲷（AAT36615）的同源性为 87.7%。而哺乳动物的同源性比鱼的低，但仍较高，例如与小鼠（*Mus musculus*，NP_

035564）的同源性为 81.2%，与羊（*Ovis aries*，NP _ 001138657）的同源性为 80.5%，与马（NP_ 001075295）的同源性为 77.3%。

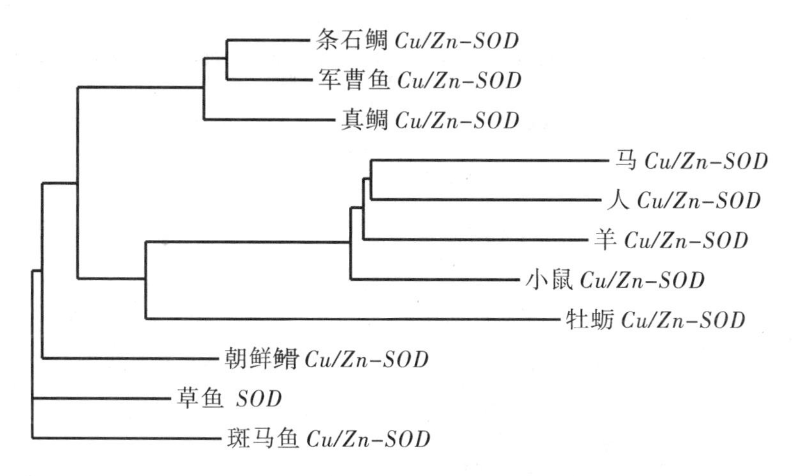

图 4.5　不同物种 *Cu/Zn - SOD* 的基因树分析

注：草鱼（ADF31307）、朝鲜鲳（ACR56338）、条石鲷（AAT36615）、军曹鱼（ABI96913）、马（NP_001075295）、小鼠（NP_035564）、人（NP_000445）、真鲷（AAO15363）、羊（NP _001138657）、牡蛎（ABF14366）、斑马鱼（NP_571369）。

```
                                  1                                                  52
          Grass carp SOD      (1) -MUNKAUCULKGDGQUTGTUYFEQEGEKSPUTLSGEITGLTAGKHGFHVHAF
Barred knifejaw Cu Zn-SOD     (1) -MULKAUCULKGAGETTGTUYFEQESDSAPUKLTGEIKGLTPGEHGFHVHAF
          Cobia Cu Zn-SOD     (1) -MULKAUCULKGAGETTGTUYFEQESDSAPUKUTGEIKGLTPGEHGFHVHAF
          Horse Cu Zn-SOD     (1) -MALKAUCULKGDGPUHGUIHFEQQQEGGPUULKGFIEGLTKGDHGFHVHEF
    House mouse Cu Zn-SOD     (1) -MAMKAUCULKGDGPUQGTIHFEQKASGEPUULSGQITGLTEGQHGFHVHQY
          Human Cu Zn-SOD     (1) -MATKAUCULKGDGPUQGIINFEQKESNGPUKUWGSIKGLTEGLHGFHVHEF
   Red seabream Cu Zn-SOD     (1) -MUQKAUCULKGAGETTGUUHFEQESESAPUTLKGEISGLTPDEHGFHVHAF
          Sheep Cu Zn-SOD     (1) -MATKAUCULKGDGPUQGTIRFEAKG--DKUUUTGSITGLTEGDHGFHVHQF
 Suminoe oyster Cu Zn-SOD     (1) MSCSEGLCULKGDSNUTGTUQFSQEAPGTPUTLSGEIKGLTPGQHGFHVHQF
      Zebrafish Cu Zn-SOD     (1) -MUNKAUCULKGTGEUTGTUYFNQEGEKKPUKUTGEITGLTPGKHGFHVHAF
                Consensus     (1)  MU KAUCULKGDG UTGTUYFEQESE APU LTGEITGLTPGEHGFHVHAF
                                                                               CuCu
                                  53                                                104
          Grass carp SOD     (52) GDNTNGCISAGPHFNPYSKNHGGPTDSERHVGDLGNUIAGENGUAKIDIUDK
Barred knifejaw Cu Zn-SOD    (52) GDNTNGCISAGPHFNPHNKNHAGPNDAERHVGDLGNUTAGADNUAKIDIKDH
          Cobia Cu Zn-SOD    (52) GDNTNGCISAGPHFNPHNKNHAGPNDEERHIGDLGNUTAGADNUAKUDITDK
          Horse Cu Zn-SOD    (52) GDNTQGCTTAGAHFNPLSKKHGGPKDEERHVGDLGNUTADENGKADUDMKDS
    House mouse Cu Zn-SOD    (52) GDNTQGCTSAGPHFNPHSKKHGGPADEERHVGDLGNUTAGKDGUANUSIEDR
          Human Cu Zn-SOD    (52) GDNTAGCTSAGPHFNPLSRKHGGPKDEERHVGDLGNUTADKDGUADUSIEDS
   Red seabream Cu Zn-SOD    (52) GDNTNGCISAGPHFNPHNKNHAGPTDAERHVGDLGNUTAGADNUAKIDITDK
          Sheep Cu Zn-SOD    (50) GDNTQGCTSAGPHFNPLSKKHGGPKDEERHVGDLGNUKADKNGUAIUDIUDP
 Suminoe oyster Cu Zn-SOD    (53) GDNTNGCTSAGAHFNPFNKEHGAPEDAERHVGDLGNUTAGEDGUAKISITDK
      Zebrafish Cu Zn-SOD    (52) GDNTNGCISAGPHFNPHDKTHGGPTDSURHVGDLGNUTADASGUAKIEIEDA
                Consensus    (53) GDNTNGCTSAGPHFNPHSK HGGP DEERHVGDLGNUTAG DGUAKIDI DK
                                             Cu Zn      Zn            Zn Zn
```

```
                                     105                                                155
             Grass carp SOD    (104) MLTLSGPDSIIGRTMVIHEKEDDLGKGGNEESLKTGNAGGRLACGVIGITQ
Barred knifejaw Cu Zn-SOD      (104) IITLTGPDSIIGRTMVIHEKADDLGKGGNEESLKTGNAGGRLACGVIGITQ
            Cobia Cu Zn-SOD    (104) MLTLNGPYSIIGRTMVIHEKADDLGKGGNEESLKTGNAGGRLACGVIGIAQ
            Horse Cu Zn-SOD    (104) VISLSGKHSIIGRTMVVHEKQDDLGKGGNEESTKTGNAGSRLACGVIGIAP
      House mouse Cu Zn-SOD    (104) VISLSGEHSIIGRTMVVHEKQDDLGKGGNEESTKTGNAGSRLACGVIGIAQ
            Human Cu Zn-SOD    (104) VISLSGDHCIIGRTLVVHEKADDLGKGGNEESTKTGNAGSRLACGVIGIAQ
     Red seabream Cu Zn-SOD    (104) MLTLNGPFSIIGRTMVIHEKADDLGKGGNEESLKTGNAGGRLACGVIGICQ
            Sheep Cu Zn-SOD    (102) LISLSGEYSIIGRTMVVHERPDDLGRGGNEESTKTGNAGGRLACGVIGIAP
   Suminoe oyster Cu Zn-SOD    (105) MIDLAGPQSIIGRTMVIHADVDDLGKGGHELSKTTGNAGGRLACGVIGITK
        Zebrafish Cu Zn-SOD    (104) MLTLSGQHSIIGRTMVIHEKEDDLGKGGNEESLKTGNAGGRLACGVIGITQ
                  Consensus    (105) MITLSGPHSIIGRTMVIHEK DDLGKGGNEESLKTGNAGGRLACGVIGIAQ
                                                      Cu
```

图 4.6　草鱼 SOD cDNA 的推测氨基酸序列与其他动物 *Cu/Zn－SOD* 同源性比较

注：①方框中氨基酸残基分别代表催化位点的组氨酸残基“H”（His^{47}、His^{49}、His^{64}、His^{81}、His^{121}）和天冬氨酸残基“D”（Asp^{84}）；“Cu”所标注的氨基酸残基代表与 Cu^{2+} 结合的位点（His^{47}、His^{49}、His^{64}、His^{121}）；“Zn”所标注的氨基酸残基代表与 Zn^{2+} 结合的位点（His^{64}、His^{72}、His^{81}、Asp^{84}）。

②所引用的 NCBI 序列同图 4.5。

4.1.2.3　CAT 基因 cDNA 全长序列的克隆及序列分析

1. 草鱼 CAT 基因 cDNA 的序列分析

草鱼 CAT 基因 cDNA 核苷酸序列和推测的氨基酸序列如图 4.7 所示。由图 4.7 可见，草鱼 CAT 基因 cDNA 序列为 1 981bp，其中含有部分 ORF 1 411 bp、编码 470 个氨基酸残基及 3’ RACE UTR 为 570bp，其终止密码子为 TGA。在草鱼 CAT 3’ RACE UTR 含有 20 个 AC 重复序列。

```
   1 GTTTACTGAT GAAATGGCCC ACTTTGACCG AGAGCGGATA CCAGAGAGAG TTGTGCATGC TAAAGGAGCA GGAGCGTTTG GCTACTTCGA AGTGACCCAT
       F  T  D  E  M  A  H  F  D  R  E  R  I  P  E  R  V  V  H  A  K  G  A  G  A  F  G  Y  F  E  V  T  H
 101 GACATTACAC GCTATTGTAA AGCCAAAGTG TTCGAGCATG TTGGAAAGAC GACACCCATC GCTGTTCGCT TTTCAACTGT GGCTGGTGAG TCTGGGTCGG
      D  I  T  R  Y  C  K  A  K  V  F  E  H  V  G  K  T  T  P  I  A  V  R  F  S  T  V  A  G  E  S  G  S
 201 CGGATACCGT ACGAGATCCT CGAGGATTTG CGGTGAAGTT CTACACCGAT GAGGGCAACT GGGATCTTAC TGGAAACAAC ACCCCAATCT TCTTTATCAG
     A  D  T  V  R  D  P  R  G  F  A  V  K  F  Y  T  D  E  G  N  W  D  L  T  G  N  N  T  P  I  F  F  I  R
 301 GGATGCACTT CTGTTTCCGT CCTTCATCCA CTCTCAGAAG CGGAATCCGC AGACTCACCT GAAGGATCCG GATATGGTTT GGGATTTCTG GAGTTTGCGT
       D  A  L  L  F  P  S  F  I  H  S  Q  K  R  N  P  Q  T  H  L  K  D  P  D  M  V  W  D  F  W  S  L  R
 401 CCTGAATCGT TGCACCAGGT GTCTTTCCTG TTCAGCGATA GGGGAATTCC GGATGGCCAC CGTCATATGA ACGGATACGG ATCGCACACT TTCAAACTGG
      P  E  S  L  H  Q  V  S  F  L  F  S  D  R  G  I  P  D  G  H  R  H  M  N  G  Y  G  S  H  T  F  K  L
 501 TCAACGCTCA GGGAGAGCCG GTGTACTGCA AATTCCACTA CAAGACTGAT CAGGGCATTA AGAATTTGAC CGTTGAAGAG GCGGATCGTC TTGCATCCAC
     V  N  A  Q  G  E  P  V  Y  C  K  F  H  Y  K  T  D  Q  G  I  K  N  L  T  V  E  E  A  D  R  L  A  S  T
 601 CGACCCAGAT TACTCCATCA GAGATCTCTA CAATGCCATC TCCAACGGCA ACTTCCCATC CTGGACCTTC TACATCCAAG TCATGACCTT TGAGCAGGCG
       D  P  D  Y  S  I  R  D  L  Y  N  A  I  S  N  G  N  F  P  S  W  T  F  Y  I  Q  V  M  T  F  E  Q  A
 701 GAGAACTGGA AGTGGAATCC GTTTGATTTG ACTAAGGTCT GGTCCCATAA GGAATTCCCT CTGATTCCTG TGGGACGCCT TGTGTTGAAC CGAAACCCCG
      E  N  W  K  W  N  P  F  D  L  T  K  V  W  S  H  K  E  F  P  L  I  P  V  G  R  L  V  L  N  R  N  P
 801 TGAACTATTT CGCTGAGGTT GAACAGCTGG CATTCGATCC CAGTAACATG CCGCCCGGCA TTGAGGCCAG CCCGGACAAG ATGCTGCAGG GACGTCTTTT
     V  N  Y  F  A  E  V  E  Q  L  A  F  D  P  S  N  M  P  P  G  I  E  A  S  P  D  K  M  L  Q  G  R  L  F
 901 CTCTTACCCA GACACACATC GGCATCGGCT TGGAGCTAAT TATCTCCAGT TGCCTGTCAA CTGCCCCTAC CGCACCCGTG TGGCAAACTA CCAGAGAGAC
       S  Y  P  D  T  H  R  H  R  L  G  A  N  Y  L  Q  L  P  V  N  C  P  Y  R  T  R  V  A  N  Y  Q  R  D
1001 GGCCCCATGT GCATGTACGA TAACCAGGGG GGAGCTCCTA ACTACTTCCC CAACAGCTTC AGTGCTCCTG ATACCCAGCC GTGCTTCCTC GAGTCAAAGT
      G  P  M  C  M  Y  D  N  Q  G  G  A  P  N  Y  F  P  N  S  F  S  A  P  D  T  Q  P  C  F  L  E  S  K
1101 GTCAAGTGTC TCCTGACGTG GGCCGATACA ACAGTTCAGA CGATGACAAT GTGACCCAGG TGCGCACGTT CTTCACCGAG GTGCTGAACG AAGCCGAGCG
     C  Q  V  S  P  D  V  G  R  Y  N  S  S  D  D  D  N  V  T  Q  V  R  T  F  F  T  E  V  L  N  E  A  E  R
1201 AGAGCGTCTG TGTCAGAACA TGGCCGGCCA TCTGAAAGGA GCTCAACTGT TTATCCAGAA ACGCATGGTG CAAAACCTGA TGGCCGTTCA CCGTGATTAT
       E  R  L  C  Q  N  M  A  G  H  L  K  G  A  Q  L  F  I  Q  K  R  M  V  Q  N  L  M  A  V  H  R  D  Y
1301 GGGACTCGTG TTCAGGCTCT CCTGGATAAA CACAACGCTG AAGGGAAAAA GAACACTATT CATGTTTATA ATCGCGGTGG ACCGTCTGCT GTGGCTGCAG
      G  T  R  V  Q  A  L  L  D  K  H  N  A  E  G  K  K  N  T  I  H  V  Y  N  R  G  G  P  S  A  V  A  A
```

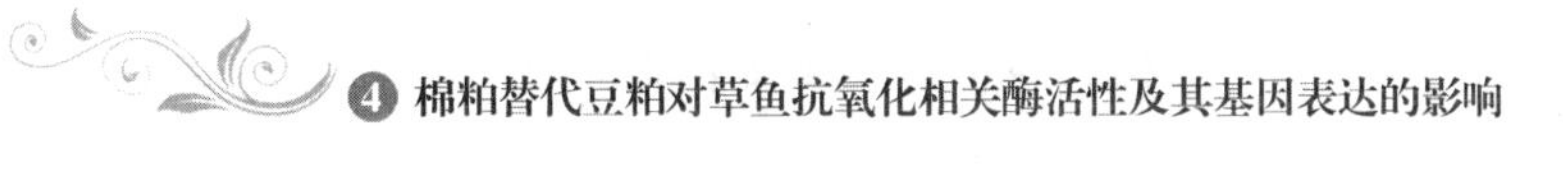

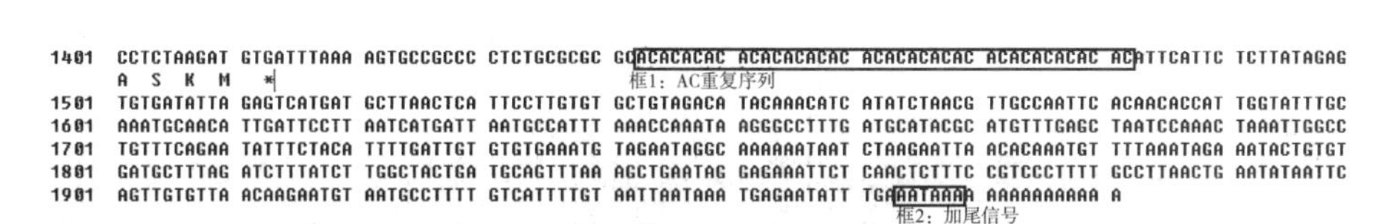

图 4.7 草鱼 CAT 基因 cDNA 核苷酸序列及其推测氨基酸序列

注：“*”所标记的为终止密码子“TGA”；框 1 所标记的为“AC 重复序列”；框 2 所标记的为加尾信号“AATAAA”。

2. 草鱼 CAT 的推测氨基酸序列与其他动物 CAT 的同源性比较

草鱼与其他动物 CAT 基因 cDNA 推测的氨基酸序列同源性比较如表 4.5 所示。由表 4.5 可见该试验已克隆的草鱼 CAT cDNA 的推测核苷酸序列与多种动物的同源性较高，其中与斑马鱼的 CAT 同源性最高，为 94.5%，与人、黑猩猩的同源性为 80% 左右。

草鱼 CAT 的推测氨基酸序列与其他动物 CAT 的同源性比较如图 4.8 所示。由图 4.8 可见，草鱼 CAT 的推测氨基酸序列与其他物种氨基酸序列同源性均很高，具有其他动物保守的催化位点 His[19]、Asn[92] 和 Tyr[302]；活性中心序列为“FDRERIPERVVHAKGAGA”，亚铁血红素结合序列为“GRLFSYPDTHRH”。

```
                1                                                                    框1：活性中心序列              100
栉孔扇贝   (1) -MANRDKATNQLEEFKKAQ--SKADVLTTGTGAPVGTKTATLTAGPRGPVLIQDFTFTDEMAHFNRERIPERVVHAKGGGAFGYFEVTHDITKYCKAKPF
草鱼       (1) ----------------------------------------------------------FTDEMAHFDRERIPERVVHAKGAGAFGYFEVTHDITRYCKAKVF
斑马鱼     (1) MADDREKSTDQMKLWKEGRGSQRPDVLTTGAGVPIGDKLNAMTAGPRGPLLVQDVVFTDEMAHFDRERIPERVVHAKGAGAFGYFEVTHDITRYSKAKVF
斜带石斑鱼 (1) MADNRDKATDQMKTWKESRASQKPDTLTTGAGHPVGDKLNLQTAGPRGPLLVQDVVFTDEMAHFDRERIPERVVHAKGAGAFGYFEVTHDITRYSKAKVF
大西洋鲑   (1) MDEDRGKATDQMKLWKENRNAQRPDNLTTGAGHPIGDKLNIITAGPRGPLLVQDTPFIDEMAHFDRERIPERVVHAKGGGAFGYFEVTHDISRYCKAKVF
黑猩猩     (1) MADSRDPASDQMQHWKEQRAAQKADVLTTGAGNPVGDKLNVITVGPRGPLLVQDVVFTDEMAHFDRERIPERVVHAKGAGAFGYFEVTHDITKYSKAKVF
人         (1) ---------------------------------------------------------------MAHFDRERIPERVVHAKGAGAFGYFEVTHDITKYSKAKVF
牛         (1) MADNRDPASDQMKHWKEQRAAQKPDVLTTGGGNPVGDKLNSLTVGPRGPLLVQDVVFTDEMAHFDRERIPERVVHAKGAGAFGYFEVTHDITRYSKAKVF
Consensus  (1) MAD RDKATDQMK WKE RAAQKPDVLTTGAG PVGDKLN ITAGPRGPLLVQDVVFTDEMAHFDRERIPERVVHAKGAGAFGYFEVTHDITRYSKAKVF
                                                                                         ★
                101                                                                                        200
栉孔扇贝  (98) EFVGKKTPVGIRFSTVGGESGSADSARDPRGFAVKFYTEDGNWDVVGNNTPIFFIRDPMLFPNFIHTQKRNPQTHLKDPDMFWDFISLRPETTHQVSFLF
草鱼      (45) EHVGKTTPIAVRFSTVAGESGSADTVRDPRGFAVKFYTDEGNWDLTGNNTPIFFIRDALLFPSFIHSQKRNPQTHLKDPDMVWDFWSLRPESLHQVSFLF
斑马鱼   (101) EHVGKTTPIAVRFSTVAGEAGSSDTVRDPRGFAVKFYTDEGNWDLTGNNTPIFFIRDTLLFPSFIHSQKRNPQTHLKDPDMVWDFWSLRPESLHQVSFLF
斜带石斑鱼 (101) EPVGKTTPIAVRFSTVAGESGSADTVRDPRGFAVKFYTEEGNWDLTGNNTPIFFIRDALLFPSFIHSQKRNPQTHMKDPDMVWDFWSLRPESLHQVSFLF
大西洋鲑 (101) EHVGKTTPIAIRFSTVAGESGSADTVRDPRGFAVKFYTDEGNWDLTGNNTPIFFIRDAMLFPSFVHSQKRNPQTHLKDPDMVWDFWSLRPECMHQVSFLF
黑猩猩   (101) EHIGKKTPIAVRFSTVAGESGSADTVRDPRGFAVKFYTEDGNWDLVGNNTPIFFIRDPILFPSFIHSQKRNPQTHLKDPDMVWDFWSLRPESLHQVSFLF
人        (41) EHIGKKTPIAVRFSTVAGESGSADTVRDPRGFAVKFYTEDGNWDLVGNNTPIFFIRDPILFPSFIHSQKRNPQTHLKDPDMVWDFWSLRPESLHQVSFLF
牛       (101) EHIGKRTPIAVRFSTVAGESGSADTVRDPRGFAVKFYTEDGNWDLVGNNTPIFFIRDALLFPSFIHSQKRNPQTHLKDPDMVWDFWSLRPESLHQVSFLF
Consensus (101) EHVGKTTPIAVRFSTVAGESGSADTVRDPRGFAVKFYTEDGNWDLVGNNTPIFFIRDALLFPSFIHSQKRNPQTHLKDPDMVWDFWSLRPESLHQVSFLF
                                                       ★
                201                                                                                        300
栉孔扇贝 (198) SDRGTPNGFRKMNGYGSHTFKMVNKEGKPVYCKFHFKTDQGIKNLMADQAAELSKNDPDYAIRDLFNAISEGDFPSWSLFIQVMTFEEAEKFKYNPFDLT
草鱼     (145) SDRGIPDGHRHMNGYGSHTFKLVNAQGEPVYCKFHYKTDQGIKNLTVEEADRLASTDPDYSIRDLYNAISNGNFPSWTFYIQVMTFEQAENWKWNPFDLT
斑马鱼   (201) SDRGIPDGYRHMNGYGSHTFKLVNAQGQPVYCKFHYKTNQGIKNIPVEEADRLAATDPDYSIRDLYNAIANGNFPSWTFYIQVMTFEQAENWKWNPFDLT
斜带石斑鱼 (201) SDRGLPDGHRHMNGYGSHTFKLVNAAGERFYCKFHYKTDQGIKNLTVEEADRLASTNPDYAIGDLFNAIANGNFPS-----------------------
大西洋鲑 (201) SDRGLPDGFRHMNGYGSHTFKLVNAEHQPVYCKFHYKTNQGIKNLKPEDAERLASTDPDYAIRDLYTSIANGKFPSWSFYIQVMTFDQAEKFQWNPFDLT
黑猩猩   (201) SDRGIPDGHRHMNGYGSHTFKLVNANGEAVYCKFHYKTDQGIKNLSVEDAARLSQEDPDYGIRDLFNAIATGKYPSWTFYIQVMTFNQAETFPFNPFDLT
人       (141) SDRGIPDGHRHMNGYGSHTFKLVNANGEAVYCKFHYKTDQGIKNLSVEDAARLSQEDPDYGIRDLFNAIATGKYPSWTFYIQVMTFNQAETFPFNPFDLT
牛       (201) SDRGIPDGHRHMNGYGSHTFKLVNANGEAVYCKFHYKTDQGIKNLSVEDAARLAHEDPDYGLRDLFNAIATGNYPSWTLYIQVMTFSEAEIFPFNPFDLT
Consensus (201) SDRGIPDGHRHMNGYGSHTFKLVNANGEPVYCKFHYKTDQGIKNLSVEDAARLASTDPDYAIRDLFNAIANGNFPSWTFYIQVMTFEQAE F FNPFDLT
```

```
                 301                                                 框2：亚铁血红素结合序列                 400
柿孔扇贝   (298) KVWPQGEYPLIPVGRMVLNRNPKNYFAEVEQIAFSPAHMIPGIEASPDKMLQGRLFSYSDTHRHRLGSNYLQLAVNCPFNTKAKNYQRDGPQCVGDNQGN
草鱼       (245) KVWSHKEFPLIPVGRLVLNRNPVNYFAEVEQLAFDPSNMPPGIEASPDKMLQGRLFSYPDTHRHRLGANYLQLPVNCPYRTRVANYQRDGPMCMYDNQGG
斑马鱼     (301) KVWSHKEFPLIPVGRFVLNRNPVNYFAEVEQLAFDPSNMPPGIEPSPDKMLQGRLFSYPDTHRHRLGANYLQLPVNCPYRTRVANYQRDGPMCMHDNQGG
斜带石斑鱼 (277) ----------------------------------------------------------------------------------------------------
大西洋鲑   (301) KVWSHKEYPLIPVGRLVLNRNPANYFAEIEQLAFDPSNMPPGIEPSPDKMLQGRLFSYPDTHRHRLGTNYLQLPVNCPFRTRVSNYQRDGPMCMFNNQAG
黑猩猩     (301) KVWPHKDYPLIPVGKLVLNRNPVNYFAEVEQIAFDPSNMPPGIEASPDKMLQGRLFAYPDTHRHRLGPNYLHIPVNCPYRARVANYQRDGPMCMQDNQGG
人         (241) KVWPHKDYPLIPVGKLVLNRNPVNYFAEVEQIAFDPSNMPPGIEASPDKMLQGRLFAYPDTHRHRLGPNYLHIPVNCPYRARVANYQRDGPMCMQDNQGG
牛         (301) KVWPHGDYPLIPVGKLVLNRNPVNYFAEVEQLAFDPSNMPPGIEPSPDKMLQGRLFAYPDTHRHRLGPNYLQIPVNCPYRARVANYQRDGPMCMMDNQGG
Consensus  (301) KVWPHKEYPLIPVGRLVLNRNPVNYFAEVEQLAFDPSNMPPGIEASPDKMLQGRLFSYPDTHRHRLG NYLQLPVNCPYRTRVANYQRDGPMCM DNQGG
                                                                  ★

                 401                                                                                 500
柿孔扇贝   (398) APNYFPNSFSGPQDNKQFLESPFSITGDVQRYETGDEDNFSQVTVFWNKVLKPEERQRLVENIAGHLKNAQEFIQRRTVHNFTQVHPDFGGGIQKLLNSY
草鱼       (345) APNYFPNSFSAPDTQPCFLESKCQVSPDVGRYNSSDDDNVTQVRTFFTEVLNEAERERLCQNMAGHLKGAQLFIQKRMVQNLMAVHRDYGTRVQALLDKH
斑马鱼     (401) APNYYPNSFSAPDVQPRFLESKCKVSPDVARYNSADDDNVTQVRTFFTQVLNEAERERLCQNMAGHLKGAQLFIQKRMVQNLMAVHSDYGNRVQALLDKH
斜带石斑鱼 (277) ----------------------------------------------------------------------------------------------------
大西洋鲑   (401) APNYFPNSFSAPETQRQHVETRFKVSPDVGRYNSADDDNVTQVRTFFTEVLNEEERQRLCQNMAGALKGAQVFIQKRWVQNLMAVHADYGNGVQTLLN--
黑猩猩     (401) APNYYPNSFGAPEQQPSALEHSIQYCGEVRRFNTANDDNVTQVRAFYVNVLNEEQRKRLCENIAGHLKDAQIFIQKKAVKNFTEVHPDYGSRIQALLDKY
人         (341) APNYYPNSFGAPEQQPSALEHSIQYSGEVRRFNTANDDNVTQVRAFYVNVLNEEQRKRLCENIAGHLKDAQIFIQKKAVKNFTEVHPDYGSHIQALLDKY
牛         (401) APNYYPNSFSAPEHQPSALEHRTHFSGDVQRFNSANDDNVTQVRTFYLKVLNEEQRKRLCENIAGHLKDAQLFIQKKAVKNFSDVHPEYGSRIQALLDKY
Consensus  (401) APNYYPNSFSAPE QP  LESK  VSGDV RYNSADDDNVTQVRTFF  VLNEEER RLCENIAGHLK AQLFIQKR V NFT VHPDYGSRIQALLDKY

                 501                     528
柿孔扇贝   (498) KKQSAMSAQL------------------
草鱼       (445) NAEGKKNTIHVYNRGGPSAVAAASKM--
斑马鱼     (501) NAEGKKNTVHVYSRGGASAVAAASKM--
斜带石斑鱼 (277) ----------------------------
大西洋鲑   (499) NTEPTKDTVRVYTRRGASTVAASSKM--
黑猩猩     (501) NAEKPKNAIHTFVQSG-SHLAAGEKANL
人         (441) NAEKPKNATHTFVQSG-SHLAAREKANL
牛         (501) NEEKPKNAVHTYVQHG-SHLSAREKANL
Consensus  (501) NAE  KNAVH Y   G S LAA  K
```

图 4.8 草鱼 CAT cDNA 的推测氨基酸序列与其他动物 CAT 同源性比较

注：①"★"标记的为催化位点氨基酸残基；框 1 所标记的为活性中心序列；框 2 所标记的为亚铁血红素结合序列。

②栉孔扇贝（*Chlamys farreri*，ABI64115）、草鱼（ACL99859）、斑马鱼（AAH51626）、斜带石斑鱼（*Epinephelus coioides*，AAW29026）、大西洋鲑（*Salmo salar*，ACN11170）、黑猩猩（*Pan troglodytes*，XP_ 001147928）、人（BAG63070）、牛（AAI03067）。

表 4.5 草鱼 CAT 基因 cDNA 推测的氨基酸序列与其他动物 CAT 同源性比较

单位：%

物种	草鱼	斑马鱼	斜带石斑鱼	大西洋鲑	黑猩猩	人
斑马鱼	94.5					
斜带石斑鱼	94.1	88.4				
大西洋鲑	84.9	83.7	84.1			
黑猩猩	80.4	77.6	86.2	73.2		
人	80.0	78.3	88.4	74.2	99.1	
牛	81.3	79.5	88.4	74.7	91.3	91.6

注：草鱼（ACL99859）、斑马鱼（AAH51626）、斜带石斑鱼（AAW29026）、大西洋鲑（ACN11170）、黑猩猩（XP_ 001147928）、人（BAG63070）、牛（AAI03067）。

4.1.3 讨论

4.1.3.1 草鱼 GSH－Px 基因 cDNA 的特点与同源性分析

在 GSH－Px 家族中不同亚型的 GSH－Px 分子结构、分布及大小有差异。其中脊椎动物 GSH－Px1 由四个相同的分子量大小约为 22kDa 的亚基构成四聚体，每个亚基含有一个分子硒半胱氨酸，广泛存在于机体内各个组织，以肝脏红细胞为最多。它的生理功能主要是催化 GSH 参与过氧化反应，清除在细胞呼吸代谢过程中产生的过氧化物和羟自由基，从而减轻细胞膜多不饱和脂肪酸的过氧化作用（Arthur，2000）。该试验所获得的草鱼 GSH－Px 的 cDNA 全长为 889bp，其 ORF 为 576bp，编码 191 个氨基酸残基，与斑马鱼（Thisse et al.，2003）、鲢（Li et al.，2005）、尼罗罗非鱼等的 GSH－Px1 大小一致。不同动物的 GSH－Px1 大小稍有差异，哺乳动物的 GSH－Px1 由 201 至 206 个氨基酸残基组成（见图 4.3）。与多种动物的氨基酸序列同源性比较显示，草鱼 GSH－Px 与 GSH－Px1、GSH－Px2 的同源性高于 GSH－Px3 及 GSH－Px4。其中，草鱼 GSH－Px 与已报道的同属于鲤形目的鲢 GSH－Px 碱基序列的推测氨基酸序列、斑马鱼的 GSH－Px1 的同源性最高，分别为 97.4% 与 95.8%；其次与鲈形目鱼类的 GSH－Px 同源性也较高，为 84%～89%；与多种哺乳动物的 GSH－Px1 的同源性稍低，为 67%～72%。但不同亚型 GSH－Px 的同源性较低，如斑马鱼 GSH－Px1（NP_001007282）与其 GSH－Px3（NP_001131027）的同源性为 43%，日本鳗鲡 GSH－Px1（ACN78878）与其 GSH－Px4（ACN78879）的同源性为 38%。草鱼 GSH－Px 与其他亚型的同源性也较低，如与斑马鱼 GSH－Px3（NP_ 001131027）的同源性为 44%，与日本鳗鲡 GSH－Px4（ACN78879）的同源性为 39%。

在大多数基因中，UGA 通常被识别为编码终止密码子（stop code），而不翻译任何氨基酸。但在 GSH－Px 中，密码子 UGA（在 cDNA 中为 TGA）可被识别，翻译为硒代半胱氨酸（Sec）。序列分析表明，在草鱼 GSH－Px 推测氨基酸的第 40 位，也具有由密码子 UGA 编码（在 cDNA 中为 TGA）的硒代半胱氨酸（Sec），且该位点与另两个催化活性位点谷酰胺（Gln^{75}）和色氨酸（Trp^{153}）构酶催化中心，并在多种生物的 GSH－Px1 中非常保守。如在凡纳对虾（*Litopenaeus vannamei*）GSH－Px 中也有 Sec、Gln^{75} 和 Trp^{153} 构成的催化中心位点（Liu et al.，2007）。同时，不同亚型的 GSH－Px 具有的六个二聚体接触面残基位点的结构氨基酸，推测对稳定酶结构起重要作用（Lam et al.，2006）。草鱼GSH－Px 也具有保守的六个二聚体接触面残基位点（74、77、79、82、85、89）。

4.1.3.2　草鱼 SOD 基因 cDNA 的特点与同源性分析

黑腹果蝇的 *Cu/Zn－SOD* 基因定位于 3 号染色体的左臂上，由两个外显子和一个内含子组成。在黑腹果蝇六个不同的种群中，外显子长度固定，分别为 66bp 和 396bp，而内含子长度略有变化（708～783bp）(Arhontak et al.，2003)。该基因具有典型的真核生物的基因结构，在 5'侧翼具有 TATA、TATTTCT 和 CCCAAT 框等启动子的上游调控位点，且内含子与外显子之间遵循 GT－AG 规则（Seto et al.，1989）。而该试验所获得草鱼 SOD 的 cDNA 的 ORF 与大多数动物 *Cu/Zn－SOD* 的大小接近，由 154 个氨基酸残基组成。草鱼 SOD 与其他动物的 SOD 进行同源性比较的结果表明，草鱼 SOD 与其他动物的 *Cu/Zn－SOD* 的同源性较高，且动物的 *Cu/Zn－SOD* 高度保守。草鱼 SOD 与鱼类的同源高于其他动物，达 87% 以上，与哺乳动物的同源性相比在 80% 左右。

动物的 *Cu/Zn－SOD* 是由两个相同亚基组成的二聚体，含有一个铜原子和一个锌原子。Ibers 和 Holm（1980）的研究表明，每一个铜原子分别与四个组氨基酸残基咪唑氮配位，每一个锌原子则与三个组氨酸残基和一个天冬氨酸残基配位。该试验所获得的草鱼 SOD 与其他动物 *Cu/Zn－SOD* 序列相比，同源性较高，且具有保守的铜离子结合位点（His^{47}、His^{49}、His^{64}、His^{121}）及保守的锌离子结合位点（His^{64}、His^{72}、His^{81}、Asp^{84}）。由此推测草鱼 SOD 也属于 *Cu/Zn－SOD*。

4.1.3.3　草鱼 CAT 基因 cDNA 的特点与同源性分析

在高等动物中，褐家鼠 CAT 基因含有 13 个外显子和 12 个内含子，5'调控区无典型的 TATA 盒结构，但是含有多个 CCAAT 盒和 GC 盒，在起始密码子上游 66～105bp 处有多个转录起始位点，且 3'调控区含有长的 AC 重复序列（Nakashima et al.，1989）。人与褐家鼠的 CAT 基因结构基本一致，但 3'调控区不含 AC 重复序列（Quan et al.，1986）。该试验所获的 CAT 序列也含有 20 个 AC 重复序列，与褐家鼠的一致（Nakashima et al.，1989）。该结构在鼠类和斑马鱼中都存在，3'非编码区的 AC 重复序列与 5'非编码区的茎环结构，共同构成 mRNA 蛋白结合位点（Nakashima et al.，1989）。但其功能是调节 mRNA 的表达水平还是增强 mRNA 稳定性，有待进一步研究。此外，人 CAT 基因 mRNA 中不具有这一共同结构，提示该结构不是 CAT 基因必需的。

NCBI上栉孔扇贝的CAT有三个催化活性位点残基分别是：His^{72}、Asn^{145}和Tyr^{355}，活性位点序列为“FNRERIPERVVHAKGGGA”，与亚铁血红素结合序列为“GRLFSYSDTHRH”；同样，草鱼保守催化活性位点残基、活性位点序列及亚铁血红素结合序列，表明这些位点和序列是过氧化氢酶所必需的，共同影响着CAT的活性。

4.1.4 小结

该试验首次克隆获得的草鱼GSH-Px，其cDNA全长为889bp，包括ORF为576bp，编码191个氨基酸残基，5'RACE UTR为17bp，3'RACE UTR为297bp，在NCBI上登录的序列号为EU828796；首次获得的草鱼*Cu/Zn-SOD*的cDNA全长为725bp，包括ORF为465bp，编码154个氨基酸残基，5'RACE UTR为18bp，3'RACE UTR为242bp，在NCBI上登录的序列号为GU901214；该试验所克隆的CAT基因cDNA序列为1 981bp，其中包括部分ORF 1 411bp，3'RACE UTR为570bp。

4.2 棉粕替代豆粕对草鱼抗氧化相关酶活性及其基因表达的影响

4.2.1 材料与方法

4.2.1.1 材料

试验动物及试验饲料同2.1试验Ⅰ。

试剂：肝组织的超氧化物歧化酶（SOD）、过氧化氢酶（CAT）、谷胱甘肽过氧化物酶（GSH-Px）、丙二醛（Malondialdehyde，MDA）使用南京建成生物工程研究所的试剂盒测定。肝组织匀浆上清液的总蛋白质采用南京建成生物工程研究所的考马斯亮蓝显色试剂盒测定。DNase、Trizol Reagent购自Promega公司、SMART™ RACE cDNA Amplification Kit购自Clontech公司、Real Time RNA PCR Kit购自宝生物工程（大连）有限公司。

4.2.1.2 方法

1. 抗氧化酶酶活性与MDA的测定

（1）10%组织匀浆的制备。

从液氮中取出肝脏组织（样品采集见2.1试验Ⅰ），冰上解冻后，称取

0.3 mg 左右的肝组织。用眼科小剪尽快剪碎组织块，置于预冷的玻璃匀浆器中，加入适量的预冷生理盐水，冰浴中充分匀浆，制成10%的肝组织匀浆液。

（2）超氧化物歧化酶（SOD）的测定。

将制备好的10%肝组织用生理盐水匀浆稀释为1%，2 500 r/min 离心后取上清液，测定SOD的酶活性。操作表如下：

试剂	对照管	测定管
试剂一（mL）	1.0	1.0
样品（mL）		a*
蒸馏水（mL）	a*	
试剂二（mL）	0.1	0.1
试剂三（mL）	0.1	0.1
试剂四（mL）	0.1	0.1
用漩涡混匀器充分混匀，置37℃恒温水浴40min		
显色剂（mL）	2	2

注：①a*代表样本取样量和蒸馏水取样量；

②在测定SOD活性之前先做预试验以确定最佳取样浓度。根据公式：抑制率＝（对照管OD值－测定管OD值）/对照管OD值，取抑制率在48%～50%的一管作为最佳取样浓度。

混匀，室温放置10 min，于波长550 nm处，1 cm光径比色杯，蒸馏水调零，比色。

酶活性的计算公式：

肝组织匀浆中SOD活性＝［（对照管吸光度－测定管吸光度）/对照管吸光度］÷50%×反应体系的稀释倍数÷组织蛋白质含量

酶活性单位定义：每毫克组织蛋白在1mL反应液中SOD抑制率达50%时所对应的SOD量为一个SOD活性单位（U）。

（3）过氧化氢酶（CAT）的测定。

取制备好的10%肝组织匀浆液，2 500 r/min 离心10 min，取上清液，测定CAT的酶活性。操作表如下：

	对照管	测定管
组织匀浆（mL）		0.05
试剂一（37℃预温）(mL)	1.0	1.0
试剂二（37℃预温）(mL)	0.1	0.1
混匀，37℃准确反应 1 min		
试剂三（mL）	1.0	1.0
试剂四（mL）	0.1	0.1
组织匀浆（mL）	0.05	

混匀，0.5 cm 光径比色杯，于波长 405 nm 处，蒸馏水调零，测各管吸光度。

酶活性的计算公式：

组织匀浆中过氧化氢酶活性 =（对照管值 - 测定管值）×271 ×1/（60 × 取样量）/匀浆蛋白含量

（4）谷胱甘肽过氧化物酶（GSH - Px）的测定。

取 10% 肝组织匀浆 5 mL，以 2 500 r/min 离心 10 min，取上清液，测定酶活性及总蛋白含量。

酶活性测定按如下操作表，酶促反应：

	非酶管	酶管（测定管）
1 mmol/LGSH（mL）	0.2	0.2
样本（mL）		0.237℃水浴预温 5min
试剂一（37℃预温）(mL)	0.1	0.1
37℃水浴准确反应 5min		
试剂二（mL）	2	2
样本（mL）	0.2	

混匀，3 500 r/min，离心 10 min，取上清液 1 mL 作显色反应。显色反应如下表操作：

	空白管	标准管	非酶管（对照管）	酶管（测定管）
GSH－Px 标准品溶剂应用液（mL）	1			
20 μmol/LGSH 标准液（mL）		1		
上清液（mL）			1	1
试剂三（mL）	1	1	1	1
试剂四（mL）	0.25	0.25	0.25	0.25
试剂五（mL）	0.25	0.25	0.25	0.25

注：在测定 GSH－Px 活力之前先做预试验以确定最佳取样浓度。根据公式计算，取抑制率在45%或50%左右的样品浓度为最佳取样浓度。抑制率＝（对照管 OD 值－测定管 OD 值）/对照管 OD 值×100%。

混匀，室温静置15 min后，于波长412 nm处，1 cm光径比色杯，蒸馏水调零，测各管OD值。

酶活性的计算公式：

肝脏中 GSH－Px 酶活性＝［（非酶管 OD 值－酶管 OD 值）/（标准管 OD 值－空白管 OD 值）］×标准管浓度（20 μmol/L）×稀释倍数÷反应时间÷（取样量×样本蛋白含量）

酶活性单位定义：规定为每毫克蛋白质，每分钟扣除非酶反应的作用，使反应体系中 GSH－Px 浓度降低1 μmol/L为一个酶活性单位。

（5）丙二醛（MDA）含量的测定。

取10%肝组织匀浆5mL，以2 500 r/min离心10 min，取上清液，测定酶活性及总蛋白含量。操作表如下：

	标准管	标准空白管	测定管	测定空白管
10 nmol/mL 标准品（mL）	a*			
无水乙醇（mL）		a*		
测试样品（mL）			a*	a*
试剂一（mL）	a*	a*	a*	a*
混匀（摇动几下试管架）				
试剂二（mL）	3	3	3	3
试剂三（mL）	1	1	1	

（续上表）

	标准管	标准空白管	测定管	测定空白管
50% 冰醋酸（mL）				1

注：a* 表示所取的样品量、标准品量、无水乙醇的量、试剂一的量，四者均相等。

漩涡混匀器混匀，试管口用保鲜薄膜扎紧，用针头刺一小孔，95℃水浴 40 min，取出后流水冷却，然后 3 500 ~ 4 000 r/min，离心 10 min。取上清液，于波长 532 nm 处，1 cm 光径比色杯，蒸馏水调零，测各管吸光度值。

MDA 计算公式：

肝组织中 MDA 含量（nmol/mgprot）=（测定管吸光度 - 测定空白管吸光度）/（标准管吸光度 - 标准空白管吸光度）× 标准品浓度（10 nmol/mL）÷ 蛋白含量（mgprot/mL）

（6）组织匀浆上清液蛋白含量的测定。

测定酶活性的每一个肝组织上清液样品，同时测定其蛋白含量，以便酶活性与 MDA 的计算。采用考马斯亮蓝法测定蛋白含量，按如下操作表进行。

	空白管	标准管	测定管
蒸馏水（mL）	0.05		
0.563 g/L 标准液（mL）		0.05	
样品（mL）			0.05
考马斯亮蓝显色剂（mL）	3.0	3.0	3.0

混匀，静置 10 min，于波长 595 nm 处，1 cm 光径比色杯，蒸馏水调零，测各管 OD 值。

根据公式计算，计算出各样品的蛋白含量值，再取平均值即为样品蛋白含量。

蛋白含量的公式：

蛋白含量（g/L）=（测定管 OD 值 - 空白管 OD 值）/（标准管 OD 值 - 空白管 OD 值）× 标准管浓度（g/L）

2. 抗氧化酶基因表达的荧光定量分析

（1）荧光定量 PCR 特异引物的设计与合成。

根据克隆得 SOD、CAT 和 GSH - Px 基因 cDNA 核心序列，按照定量引物设计的要求，采用 Primer Premier 5.0 和 Vector NTI Suite 6.0 软件辅助分析，设计荧光定量 PCR 特异引物（见表 4.6），并由上海英骏生物技术有限公司合成。

表 4.6 实时荧光定量 PCR 的特异引物

基因	正向和反向引物序列（5' to 3'）	退火温度（℃）	PCR 产物的长度（bp）
SOD	F：GGACCAACCGATAGTGAAAGACAC	57	268
	R：CCTCTATGATTGGAGCAGGACACT		
CAT	F：CCACTTCTGGTCCAGGATGTGGT	62	192
	R：GCGAACAGCGATGGGTGTCGTCT		
GSH－Px	F：GGCACAACAGTCAGGGATTACACT	59	223
	R：GGTGGGCGTTCTCACCATTCACT		

（2）肝脏总 RNA 的提取。

方法同 3.2.1.2。

（3）含 SOD、CAT 及 GSH－Px 基因的重组子质粒的抽提。

方法同 3.2.1.2。

（4）实时荧光定量 PCR。

方法同 3.2.1.2。

4.2.2 结果

测序结果表明，所克隆的 SOD、CAT 和 GSH－Px cDNA 片段分别长 268bp、192bp 和 223bp，同时通过 Vector NTI Suite 6.0 软件进行同源性分析，SOD、CAT 和 GSH－Px cDNA 片段分别与所克隆的 SOD、CAT 和 GSH－Px 基因 100% 同源。

草鱼抗氧化酶基因（CAT、GSH－Px 与 SOD）的荧光定量 PCR 的标准曲线（A）、熔解曲线（B）和定量扩增曲线（C）分别如图 4.10、4.12、4.15 所示。由图 4.10、4.12、4.15 可见，草鱼抗氧化酶基因（CAT、GSH－Px 与 SOD）的荧光定量 PCR 没有非特异扩增。

饲料中不同棉粕替代水平对草鱼肝脏抗氧化相关酶活性及其转录水平有明显的影响。当饲料中棉粕部分替代豆粕比例从 35% 逐渐提高到 100% 时，CAT 与 GSH－Px 的酶活性与 mRNA 转录水平均显著提高（$p < 0.05$）（见图

4.9、4.11）。其中完全替代组（CSM100组）的CAT的酶活性及mRNA转录水平均显著高于对照组（见图4.9），而其GSH－Px酶活性及mRNA转录水平与对照组相近（见图4.11）($p>0.05$)。且CAT与GSH－Px的mRNA转录水平的变化与其酶活性变化基本一致。

由图4.13可见，饲料中不同棉粕替代水平对草鱼肝脏总SOD活性影响与GSH－Px的活性变化相近。但SOD mRNA转录水平的变化与其酶活性变化不一致，CSM35组显著高于其他组，包括对照组。

饲料中不同棉粕替代水平对草鱼肝脏MDA含量的影响与CAT酶活性的变化趋势相近，当饲料中棉粕的含量从16.64%提高到48.94%，MDA的含量均显著提高($p<0.05$)（见图4.14），且CSM100组的MDA含量显著高于对照组。

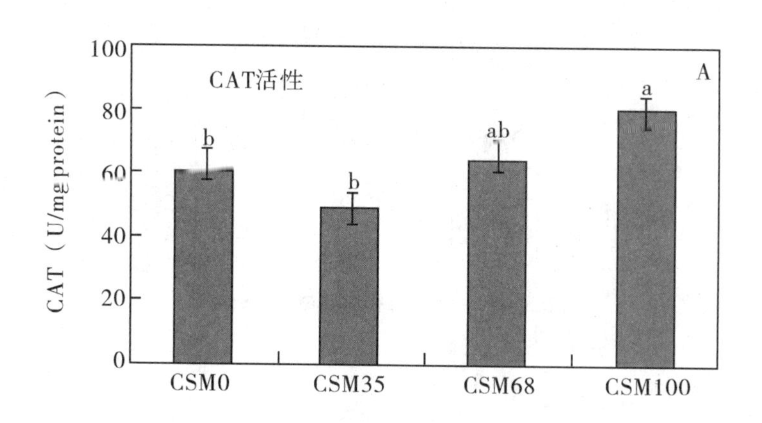

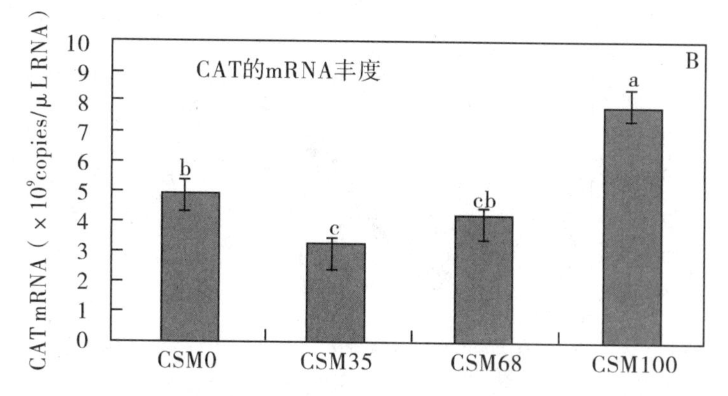

图4.9　棉粕替代豆粕对草鱼肝胰脏CAT活性及其基因表达的影响

注：图中同一组数据柱形图上方标注不同的小写字母表示差异显著($p<0.05$)，标注相同的小写字母表示差异不显著($p>0.05$)。

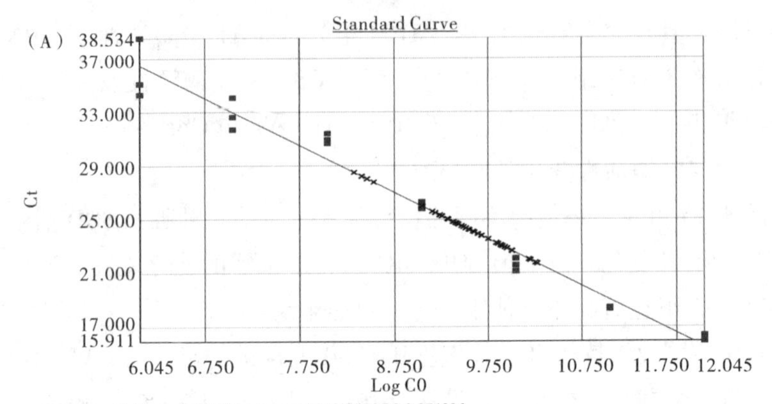

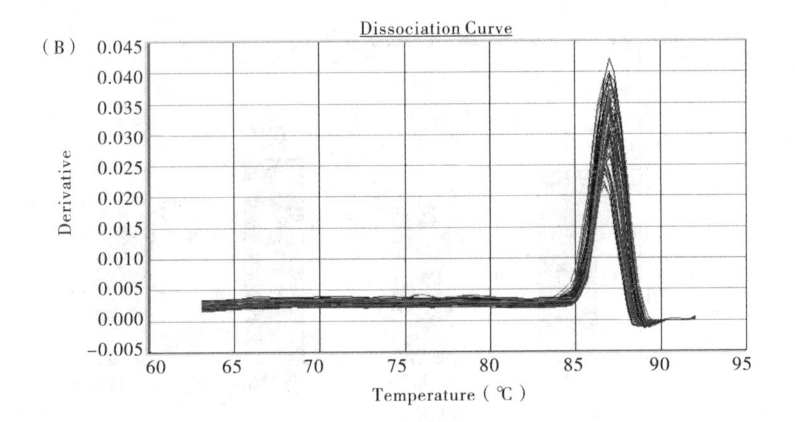

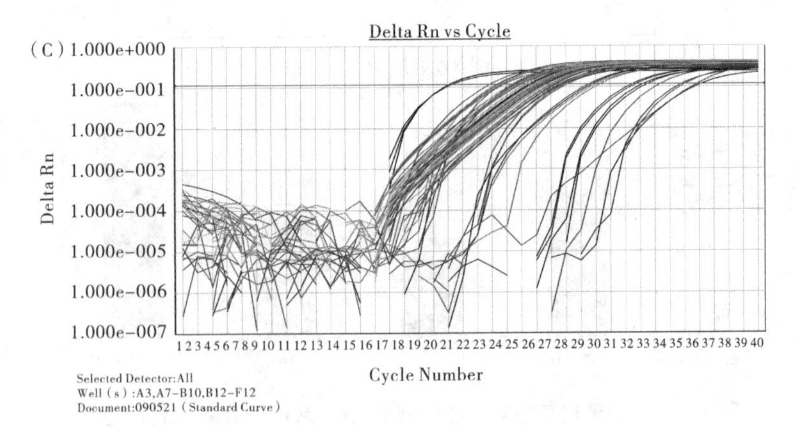

图 4.10　CAT 基因荧光定量 PCR 的标准曲线（A）、熔解曲线（B）和定量扩增曲线（C）

注：图（A）中“Standard Curve”表示“标准曲线”；图（B）中“Dissociation Curve”表示“熔解曲线”；图（C）“Delta Rn vs Cycle”表示“定量扩增曲线”。

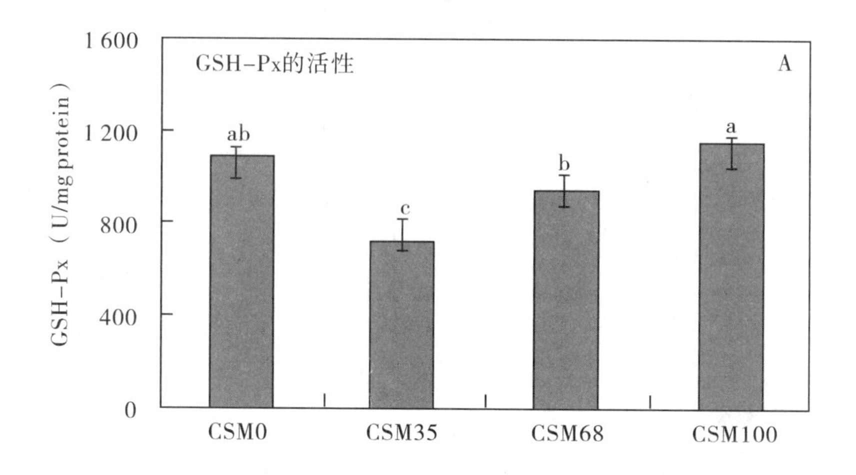

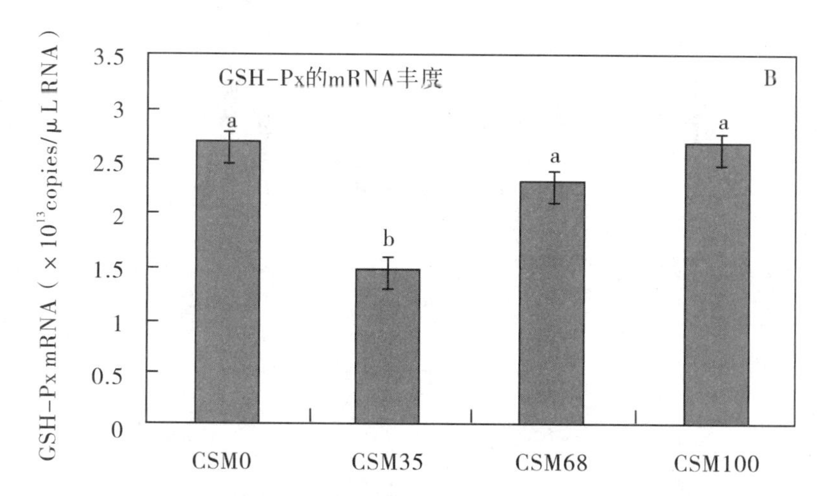

图 4.11 棉粕替代豆粕对草鱼肝胰脏 GSH－Px 活性及其基因表达的影响

注：图中同一组数据柱形图上方标注不同的小写字母表示差异显著（$p<0.05$），标注相同的小写字母表示差异不显著（$p>0.05$）。

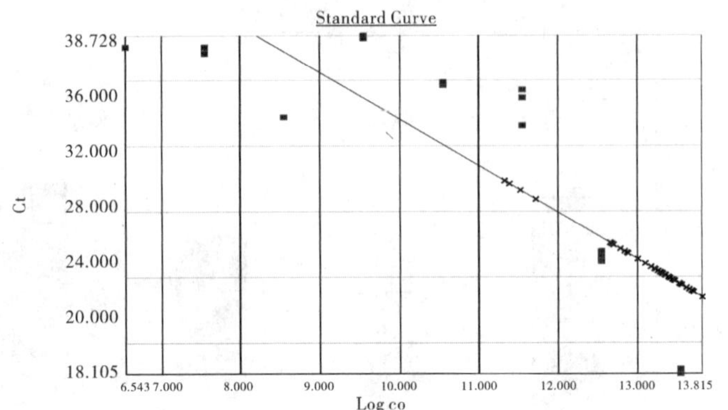

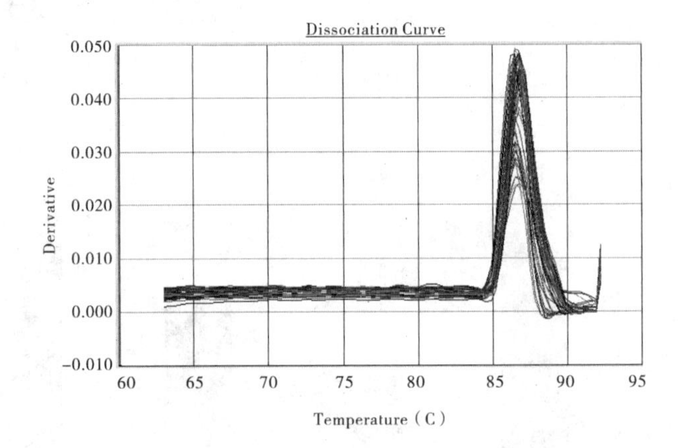

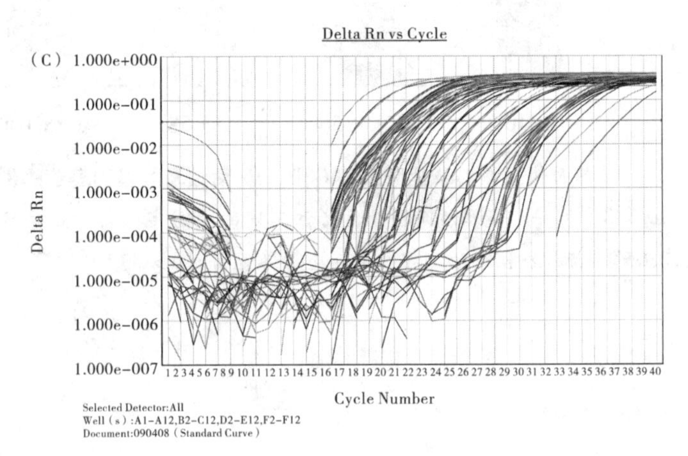

图 4.12　GSH－Px 基因荧光定量 PCR 的标准曲线（A）、熔解曲线（B）和定量扩增曲线（C）

注：图（A）中“Standard Curve”表示“标准曲线”；图（B）中“Dissociation Curve”表示“熔解曲线”；图（C）“Delta Rn vs Cycle”表示“定量扩增曲线”。

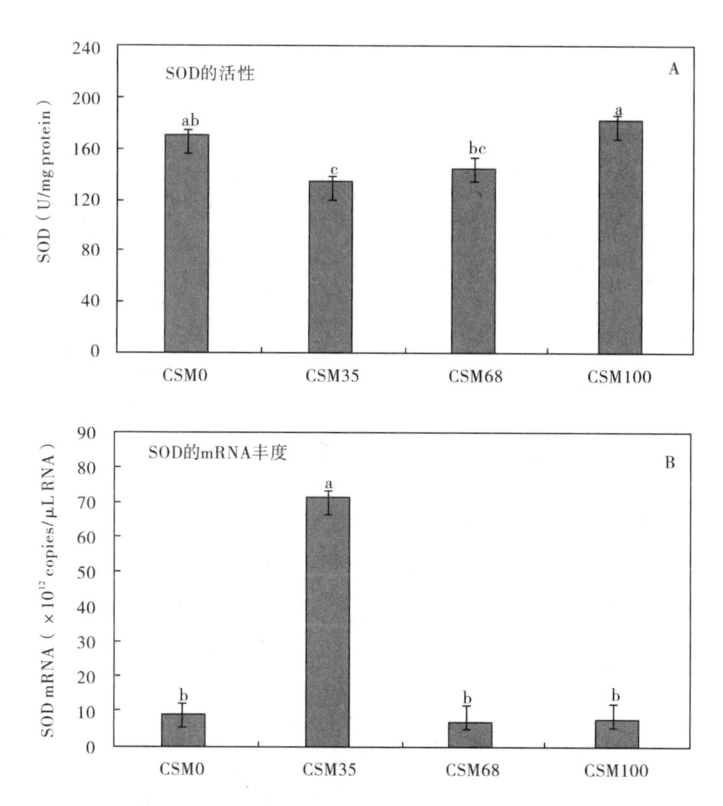

图 4.13　棉粕替代豆粕对草鱼肝胰脏 SOD 活性及其基因表达的影响

注：图中同一组数据柱形图上方标注不同的小写字母表示差异显著（$p<0.05$），标注相同的小写字母表示差异不显著（$p>0.05$）。

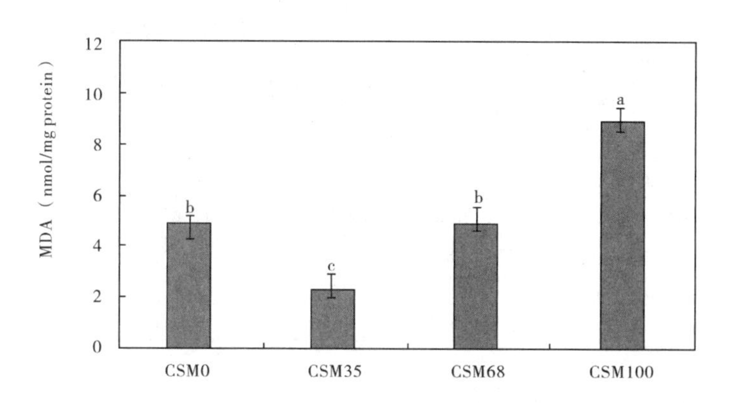

图 4.14　棉粕替代豆粕对草鱼肝胰脏 MDA 含量的影响

注：图中同一组数据柱形图上方标有不同的小写字母表示差异显著（$p<0.05$），标有相同的小写字母表示差异不显著（$p>0.05$）。

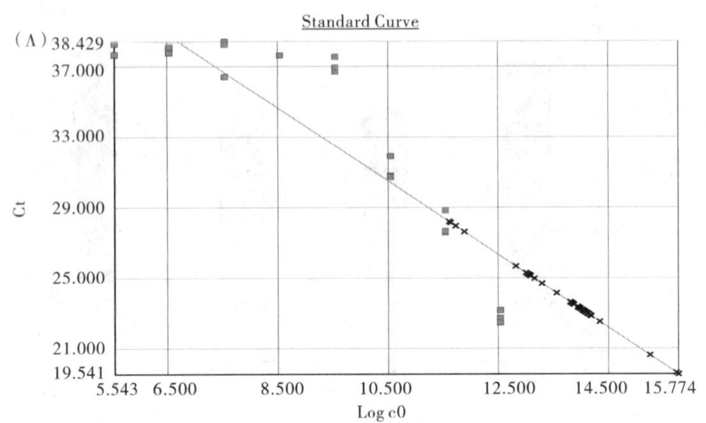

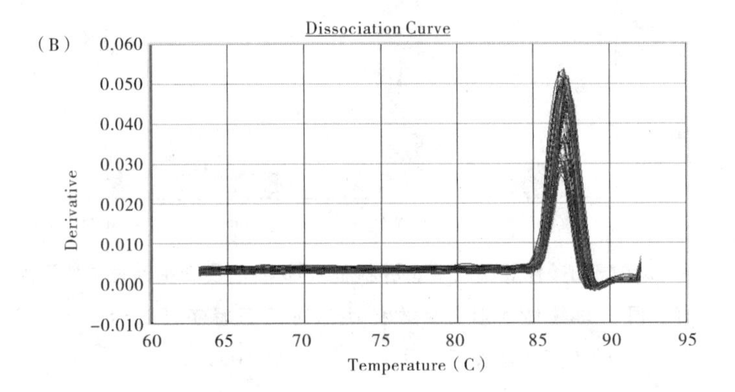

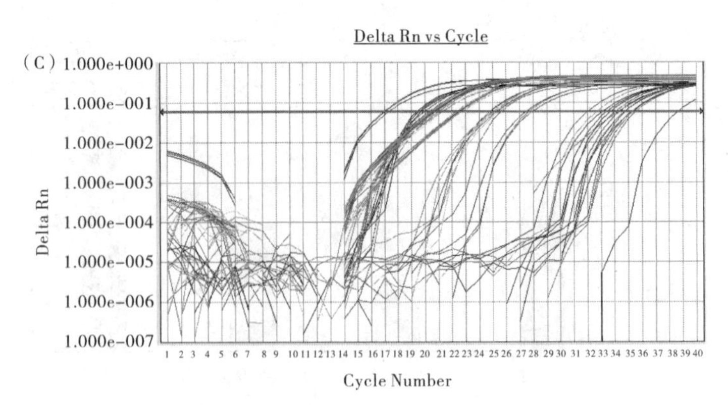

图 4.15　SOD 基因荧光定量 PCR 的标准曲线（A）、熔解曲线（B）和定量扩增曲线（C）

注：图（A）中“Standard Curve”表示“标准曲线”；图（B）中“Dissociation Curve”表示“熔解曲线”；图（C）“Delta Rn vs Cycle”表示“定量扩增曲线”。

4.2.3 讨论

在传统的生长性能与血液指标研究的基础上，进一步研究营养—免疫相关指标，有利于深入了解棉粕替代豆粕后对草鱼免疫机能的影响及其相关基因调控。已有研究报道表明，抗氧化酶能清除体内多余的氧自由基而起重要保护作用，减少机体在外源性化学物质刺激作用或暴露于病原体时产生活性氧簇对机体的氧化损伤（Reyes - Becerril et al.，2008）。抗氧化酶是机体反映外源刺激物对机体胁迫的重要指示物之一（Johnson，2002）。饲料中的组成成分或其所含的抗营养因子可影响鱼类生理机能，导致抗氧化酶活性或相关基因表达的变化。Lilleeng 等（2007）研究结果表明，大西洋鳕鱼（*Gadus morhua*）投喂豆粕饲料后，与投喂标准鱼粉饲料相比，其中部分基因表达发生了改变。林仕梅等（2007）的研究表明，当菜粕、棉粕完全替代豆粕时，血清 SOD、溶菌酶活性显著降低，对罗非鱼的免疫和防御能力产生明显的危害。Sagstad 等（2007）的研究也表明，当大西洋鲑投喂转基因玉米（Bt maize，event MON810）时，与被投喂等基因非转基因玉米（near - isogenic non - modified maize，nGM）或对照组饲料的大西洋鲑相比，其肝脏及肠道末端的 SOD 和 CAT 活性显著改变。Tovar - Ramírez 等（2010）的研究结果表明，舌齿鲈（*Dicentrarchus labrax*）稚鱼投喂活酵母后，与投喂没含活酵母的组相比，其 GSH - Px 和 SOD 的活性及基因表达量下降。

该试验结果表明，当饲料中棉粕部分替代豆粕比例从 35% 提高到 100% 时，SOD、CAT 与 GSH - Px 酶活性显著提高（$p < 0.05$），CAT 与 GSH - Px 的 mRNA 表达丰度也显著提高（$p < 0.05$）；其中完全替代组（CSM100 组）的 CAT 的活性及 mRNA 转录水平均显著高于对照组（$p < 0.05$），而 SOD、GSH - Px 的活性及 GSH - Px 的 mRNA 水平与对照组相接近（$p > 0.05$）。推测当饲料中所含单一植物蛋白（棉粕或豆粕）比例过高时，其中所含的某一些抗营养因子过高而导致鱼机体处于氧化应激状态，表现为鱼的抗氧化酶活性及其基因表达上调。已有研究表明，由于棉酚从动物体内排出周期较长。游离棉酚可在鱼体内的肝脏中蓄积，且其蓄积量与饲料棉酚浓度呈正相关，并随投喂时间延长而增加（曾虹等，1998；任维美，2002）。过多的游离棉酚作为外源毒性物质必然对鱼体正常生理产生胁迫，导致抗氧化酶活性及基因表达的变化，包括组织病变。

同时，该试验的对照组中抗氧化酶及其基因表达水平也较高。推测由于豆粕含量较高，豆粕中抗营养因子对鱼体生理机能也产生一定的影响。已有研究表明，豆粕中的抗营养因子如凝集素、蛋白酶抑制因子、热稳定并具有免疫活性的球状蛋白如大豆球蛋白等往往导致鱼生长率下降，由超敏和炎症反应引起的肠黏膜病变，并导致非特异性免疫指标的上升（Van den Ingh et al.，1991；Burrells et al.，1999）。

丙二醛（MDA）是脂质过氧化的终产物，测定机体 MDA 含量可以反映机体内的脂质过氧化程度，同时也可间接反映出细胞损伤的程度。该试验结果显示，MDA 含量随着棉粕完全替代豆粕水平的提高而增加，且完全替代组显著高于对照组。推测当饲料棉粕含量过高时，鱼体中蓄积较多的游离棉酚等抗营养因子，超出了草鱼的耐受能力；虽然抗氧化酶活性有所升高，但仍无法清除过多的过氧化终产物，导致过氧化终产物之一 MDA 不断增加。机体组织中过多的 MDA，会引起蛋白质、核酸等生物大分子的交联聚合，对细胞产生毒害作用。Yildirim 等（2003）认为，尽管斑点叉尾鮰摄食含棉酚的饲料后其血清溶菌酶活性及对病原菌的抵抗力升高，但含棉酚饲料仍对斑点叉尾鮰健康状况产生不利的影响。该试验结果与 Yildirim 等（2003）对斑点叉尾鮰的研究一致，虽然草鱼的抗氧化酶活性明显升高，但饲料中过高的棉粕（替代 100% 豆粕）仍对鱼体健康造成胁迫，MDA 含量明显增加。但也有不一致的观点。Barros 等（2002）认为，饲料中含有棉粕明显提高斑点叉尾鮰存活率、对病原菌的抵抗力，表明棉粕中包含的棉酚或其他组成成分有利于提高鱼的免疫反应能力及抗逆性。

4.2.4 小结

该试验首次获得草鱼 GSH－Px 与 SOD cDNA 全长，在 NCBI 上的序列号为 EU828796 与 GU901214；CAT 序列为 1 981bp，其中包括部分 ORF 1 411bp，3'RACE UTR 为 570bp。当棉粕替代豆粕比例从 35% 提高到 100% 时，CAT、SOD 与 GSH－Px 的酶活性显著提高，且 CAT 与 GSH－Px 的 mRNA 转录水平与其酶活性变化一致，推测当饲料中所含单一植物蛋白（棉粕或豆粕）比例过高时，其中所含的某一些抗营养因子过高而导致鱼机体处于氧化应激状态，表现为鱼的抗氧化酶活性及其基因表达上调。同时，MDA 的含量均显著提高（$p<0.05$）。

5 棉粕替代豆粕对草鱼转氨酶活性及 PPARs 基因表达的影响

过氧化物酶体增殖物激活受体（PPARs）是一类能被过氧化物酶体增殖物如脂肪酸及其衍生物、贝特类降脂药等激活的核内受体，属核内激素受体超家族，由 Issemann 等（1990）首次发现。PPARs 按其结构及功能可分 PPARα、PPARβ 和 PPARγ 三种亚型，分别由不同基因编码，结构、功能各异。研究表明，PPARs 与机体的炎症反应密切相关，参与调节体内多种与代谢和炎症相关的疾病的病理生理过程（徐静等，2009）。PPARα 的活化能抑制与炎症反应相关基因的转录，从而抑制炎症反应的发生和发展。PPARβ 在体内广泛分布，参与调节体内多种与代谢和炎症相关的疾病的病理生理过程，同时还可以减轻肥胖、调节血脂紊乱及改善胰岛素抵抗等（赵攀等，2009）。PPARγ 可由多种脂肪酸及其衍生物激活，具有多种生物效应，在脂肪细胞分化、胰岛素抵抗、炎性反应中起重要作用（陈永熙等，2006）。

目前已克隆了斑马鱼（NM 001102567）、大西洋鲑（NM 001123560）、红鳍东方鲀（*Takifugu rubripes*，NM 001097630）等几种鱼的 PPARα 基因。但还没有关于草鱼 PPARα、PPARβ 与 PPARγ 基因克隆的报道。

谷草转氨酶（glutamic oxalacetic transaminase，GOT）、谷丙转氨酶（glutamic pyruvic transaminase，GPT）是广泛存在于动物线粒体中的重要的氨基酸转氨酶，在机体蛋白质代谢中起重要作用，可基本反映肝脏功能变化与否及组织损伤程度，是评定肝脏健康的重要指标。在正常情况下，脊椎动物组织细胞内的转氨酶只有少量被释放到血液中，因此血清中正常转氨酶活性值较小。当组织中毒发生病变，或者受损伤的组织范围较大，引起生物膜通透性增加时，可导致细胞内 GPT 和 GOT 释放到血液中的量异常增加，从而引起活性突然持续性增强（郑永华、蒲富永，1997）。

到目前为止，仍没有关于棉粕替代豆粕对草鱼 PPARs 基因表达及转氨酶活性的研究报道。本章以草鱼为试验对象，用棉粕替代豆粕，研究棉粕替代豆粕对草鱼 PPARs 基因表达及转氨酶活性的影响，进而了解草鱼摄食棉粕后肝胰脏损伤及炎症反应，以期为草鱼人工饲料的科学配制提供参考依据。

5.1 草鱼 PPARs 基因 cDNA 的克隆与序列分析

5.1.1 材料与方法

5.1.1.1 材料

试验材料同 3.1.1.1。

5.1.1.2 方法

1. 引物设计与合成

根据 GenBank 中已报道的多种物种的同源序列，分别设计出用于克隆 PPARα、PPARβ 和 PPARγ 核心序列扩增的引物，由上海英骏生物技术有限公司合成。在获得核心序列后，进一步设计 PPARs 所克隆的 PPARα cDNA 片段全长为1 474bp，包括 ORF 为 1 404bp，5' RACE UTR 为 39bp，3' RACE UTR 为 31bp。其 ORF 编码 467 个氨基酸残基；首次克隆的 PPARβ cDNA 片段为 1 020bp,包括部分 ORF 为 924bp，3' RACE UTR 为 196bp。其部分 ORF 编码 307 个氨基酸残基，在 NCBI 上登录的序列号为 HM014135。首次克隆的 PPARγ cDNA 片段全长为 1 580bp，包括 ORF 为 1 569bp，5' RACE UTR 为 11bp，ORF 编码 467 个氨基酸残基。该序列在 NCBI 上登录的序列号为 EU847421。PPARα、PPARβ 和 PPARγ 的 5' RACE 或 3' RACE 引物名称及序列见表 5.1、5.2 和 5.3。

表 5.1 草鱼 PPARα 引物名称及其核苷酸序列

引物名称	引物序列（5' to 3'）	碱基位置
PPARα－F－1	GGACAGGAAGAGTTCACCTCCA	nt 429－450
PPARα－R－1	GTGCGAGGTCACTATCGTCCAGT	nt 1 274－1 296
PPARα－F－2	CCACTATGGAGTTCACGCATGT	nt 500－521
PPARα－R－2	TGAAGCCACTGCCGTATGCGAC	nt 1 161－1 182
PPARα－3' RACE－F1	TGCAGTTGGCCGAACAGACTT	nt 901－921
PPARα－3' RACE－R1	CTGGACGAACGAGCCGTCTTGAG	nt 1 581－1 603

（续上表）

引物名称	引物序列（5' to 3'）	碱基位置
PPARα－5'RACE－F1	TCACTGACGCCTCGAGACGCGAT	nt 76－98
PPARα－5'RACE－R1	AGCGGATGGCATTGTGGGACAT	nt 660－681
PPARα－5'RACE－F2	GGCTGATGTGTGATTCGTGCT	nt 129－149
PPARα－5'RACE－R2	CGTTCACACTTGTCGTACTCCAG	nt 564－586

表 5.2　草鱼 PPARβ 引物名称及其核苷酸序列

引物名称	引物序列（5' to 3'）	用途
PPARβ－F－1	CTGCCGCTTTCAGAAGTGCCTG	核心片段克隆
PPARβ－R－1	TAGATCTCCTGTAAAAGCGGGTG	
PPARβ－3'RACE－F1	CTCGAGCTGGACGACAGCGACCT	3'RACE 克隆
PPARβ－3'RACE－F2	GGACAGCATCCTCCAGGCCCTCA	

表 5.3　草鱼 PPARγ 引物名称及其核苷酸序列

引物名称	引物序列（5' to 3'）	用途
PPARγ－F－1	TCTCCGCTGATATGGTGGACAC	核心片段克隆
PPARγ－R－1	TTAGTACAGGTCCCGCATGATC	
PPARγ－ GSP1	CCTCGGCGGTGTAGCTGCTCTCG	5'RACE 克隆
PPARγ－ GSP2	AGCCGTACATGTGCGTCAGATCCA	
PPARγ－NP	TGCCGGAAATGGTGGCGTAGTCC	

2. 肝脏总 RNA 的提取、检测和 DNase－I 处理

肝脏总 RNA 的提取、检测和 DNase－I 处理方法同 3.1.1.2。

3. 采用 RT－PCR 及 RACE 技术扩增 PPARs 基因 cDNA

（1）cDNA 第一条链的合成（反转录反应）。

cDNA 第一条链的合成方法同 3.1.1.2。

（2）PPARα cDNA 全长的克隆。

①采用巢式 PCR 的扩增反应克隆核心序列。

以 M－MLV 反转录合成 cDNA 第一条链为模板，PPARα－F－1 与 PPARα－R－1 为上、下游引物进行 PCR 反应。

第一轮 PCR：在灭菌的 0.2mL PCR 管中分别加入 1 μL cDNA 第一条链模板、2.5 μL 10 × buffer、1 μL 10mM dNTPs、1.0 μL 10μM 上游引物、1.0 μL 10μM 下游引物、0.5 μL 1U/ μL Taq DNA 聚合酶和 18 μL 灭菌双蒸水，总体积为 25 μL。PCR 扩增条件均为：94℃ 预变性 3min；94℃ 30s，58℃ 30s，72℃ 60s，共 32 个循环；最后 72℃延伸 7min。

第二轮 PCR：以第一轮 PCR 产物为模板，PPARα – F – 2 与 PPARα – R – 2再次扩增，PCR 扩增条件均为：94℃ 预变性 3min；94℃ 30s，59℃ 30s，72℃ 50s，共 32 个循环；最后 72℃延伸 7min。PCR 产物经 2% 琼脂糖凝胶电泳检测。

②PPARα 的 3' RACE 的克隆。

采用 TaKaRa RNA PCR Kit（AMV）Ver. 3.0（DRR019A）试剂盒克隆 PPARα cDNA 3' RACE。首先以 cDNA 第一条链为模板，PPARα – 3' RACE – F1 与 PPARα – 3' RACE – R1 为引物，进行 PCR 反应。其他步骤同 3.1.1.2。

③PPARα 的 5' RACE 的克隆。

PPARα 5' RACE 通过 2 轮巢式 PCR 反应来完成。首先以 SMART cDNA 为模板，以 PPARα – 5' RACE – F1 与 PPARα – 5' RACE – R1 引物进行第一轮 PCR。然后以第一轮 PCR 产物为模板，PPARα – 5' RACE – F2 与 PPARα – 5' RACE – R2 进行第二轮 PCR。PCR 产物经 2% 琼脂糖凝胶电泳检测，目标片段纯化回收后，克隆至 pMD18 – T Simple vector，转化感受态细胞 *E. coli* Top10。所筛选的阳性克隆由上海英骏生物技术有限公司进行测序。

（3）PPARβ cDNA 的克隆。

①PPARβ 核心序列的克隆。

以 M – MLV 反转录合成 cDNA 第一条链为模板，PPARβ – F – 1 与 PPARβ – R – 1 为上、下游引物进行 PCR 反应。其他步骤同 3.1.1.2。

②PPARβ 的 3' RACE 的克隆。

采用 TaKaRa RNA PCR Kit（AMV）Ver. 3.0（DRR019A）试剂盒克隆 PPARβ cDNA 3' RACE。通过 2 轮巢式 PCR 反应来完成。其他步骤同 3.1.1.2。

（4）PPARγ cDNA 的克隆。

①PPARγ 核心序列的克隆。

以 M – MLV 反转录合成 cDNA 第一条链为模板，PPARγ – F – 1 与 PPARγ –

R－1为上、下游引物进行PCR反应。其他步骤同3.1.1.2。

②PPARγ的5'RACE的克隆。

PPARγ 5'RACE通过3轮巢式PCR反应来完成。首先以SMART cDNA为模板，以PPARγ－GSP1与UPM1引物进行第一轮PCR。然后以第一轮PCR产物为模板，PPARγ－GSP2与UPM2进行第二轮PCR。再以二轮PCR产物为模板，PPARγ－NP与UNP为引物进行第三轮PCR。其他步骤同3.1.1.2。

5.1.2 结果

5.1.2.1 PPARα cDNA序列的克隆及同源性分析

1. PPARα cDNA的序列分析

所筛选PPARα的阳性重组子经测序及相关软件分析结果如图5.1所示。由图5.1可见，所克隆的PPARα cDNA片段全长为1 474bp，包括完全ORF为1 404bp，5'RACE UTR为39bp，3'RACE UTR为31bp。其中ORF编码467个氨基酸残基。经在线软件（http://www.expasy.ch/tools/pi_tool.htmL）分析，草鱼PPARα的等电点为6.00，相对分子质量为52 470.98Da。

```
   1 GGCTGATGTG TGATTCGTGC TCTGCCCCTG TCCGCCAACA TGGTAGACAT
  51 GGAGAACCAC TACAGCGCCC CGTCGCCACT GAACAACTCA GCGCTGGACA
 101 GCCCCTTGTG CAGGGACTTC ATCGGGGGAA TGGAAGACCT TCAGGACATC
 151 TCCCAGTCCA TCGATGAAGA CGCTCTCAGC AGCTTCGAGG TGACCGAGAA
 201 CCAGTCGTCG GGTCTGGGCT CCGGATCGGA GAGCTCCACT GCGTTAGATG
 251 CACTGACTCC TGCGTCCAGC CCGTCATCAT GTGTGTACGG TGGCCCGGCG
 301 GGACAGGAAG AGTTCACCTC CACCTCCCTG AACCTGGAGT GCCGCGTGTG
 351 CTCGGACCGC GCGTCAGGAT ACCACTATGG AGTTCACGCA TGTGAGGGCT
 401 GCAAGGGTTT CTTCCGCCGG ACCATTCGCC TCAAACTGGA GTACGACAAG
 451 TGTGAACGCC GCTGTAAGAT CCAAAAGAGG AACCGAAACA AGTGCCAATA
 501 TTGTCGCTTT CAGAAGTGCC TGTCTGTGGG CATGTCCCAC AATGCCATCC
 551 GCTTTGGGCG AATGCCACAG TCGGAGAAGC TGAGGTTGAA GGCGGAGATC
 601 CTAACAGGAG AACGAGAGGT CGAGGACCCG CAGCTGGCCG ATCAGAAAAC
 651 CCTGGCTAAG CAGATCTACG AGGCCTACAT GAAGAACTTC AACATGAACA
 701 AATGCAAAGC ACGGACCATC CTGACGGGCA AGACGAGCAC GCCGCCTTTT
 751 GTGATCCACG ACATGGAGAC GCTGCAGTTG GCCGAACAGA CTTTCGTGGC
 801 CAAGATGGTG GGCTCTTCTG GAGGGCTGCT GAATAAGGAC GCTGAGGTTC
 851 GGATATTTCA TTGCTGCCAG TGCACCTCGG TTGAGACGGT GACTGAGCTG
 901 ACGGAGTTCG CCAAGTCCGT GCCAGGCTTC TCAAACCTGG ACTTAAATGA
 951 CCAGGTGACG TTACTAAAGT ACGGTGTCCA TGAGGCTCTC TTTGCCATGT
1001 TGGCATCATG CATGAATAAA GATGGTCTGC TGGTCGCATA CGGCAGTGGC
1051 TTCATCACCA GAGAGTTTCT GAAGAGCTTA CGACGGCCGT TCAGCGAGAT
1101 GATGGAGCCC AAGTTTCAGT TTGCGATGAA GTTTAACTCT CTCGAACTGG
1151 ACGATAGTGA CCTCGCACTG TTTGTTGCTG CCATCATCTG CTGTGGAGAT
1201 CGGCCAGGGC TGGTGAACGT CCCGCACATC GAGCGAATGC AGGAGAACAT
1251 CGTTAACGTG CTTCATCTGC ATCTTAAGAG CAACCACCCG GATCACGGTT
1301 TCCTCTTCCC CAAACTCCTC CAGAAACTAG TGGACCTGCG GCAGCTGGTG
1351 ACGGAGCACG CTCAGTTAGT GCAGGAAATC AAAAAGACGG AAGACACTTC
1401 GCTGCATCCC TTACTGCAGG AGATTTACAG AGACATGTAC TGAGTCGGGT
1451 TTCTCAAGAC GGCTCGTTCG TCCA
```

图5.1 草鱼PPARα基因的核苷酸序列

注：起始密码子“ATG”与终止密码子“TGA”用方框标出。

```
                               1                                                                    70
      Grass carp pparα    (1) MVDMENHYSAPSPLNNSALDSPLCRD--FIGGMEDLQDISQSIDEDALSSFEVTENQSSGLGSGSESSTA
Atlantic salmon PPARα    (1) MVDMESHYHPPSPLEDSVLGSPLCADDDFIGGMEELQDISQSIDNDALSSFDVPEYPS--SSNGSEGSTV
         Chicken PPARα    (1) MVDTENQLYPLTPLEEDDIGSPLSG--EFLQDMENIQDISQSLGDDSSGALSLTELQSLGNGPGSDGSVI
             Pig PPARα    (1) MVDTESPICPLSPLEADDLESPLS--EEFLQEMGTIQEISQSIGEDSSGSFSFTDYQYLGSGPGSDGSVI
    Red seabream PPARα    (1) MVDMESHYHPPSPLEDSVLGSPLCAGDDFMGGMEELQDISQSIDNDALSSFDVPEYQS--SSNGSEGSTV
       Zebrafish PPARα    (1) MVDMENRYRPPSPLDDSVLDSAL-----FVRGMEELRDISQSMDEDALSSFEMTENQS-GLGSGSESSTE
             Consensus    (1) MVDMESHYHPPSPLEDSVLGSPLCA DDFIGGMEELQDISQSIDEDALSSFDVTEYQS GSG GSEGSTI

                               71                                                                  140
      Grass carp pparα   (69) LDALTPASSPSSCVYGGPAGQEEFTSTS--LNLECRVCSDRASGYHYGVHACEGCKGFFRRTIRLKLEYD
Atlantic salmon PPARα   (69) LDALTPASSPSSIVYGLATGQEDFSSSSSSLNLECRVCADRASGYHYGVHACEGCKGFFRRTIRLKLEYD
         Chicken PPARα   (69) TDTLSPASSPSSINFATAPGSIDESPSG-ALNIECRICGDKASGYHYGVHACEGCKGFFRRTIRLKLIYD
             Pig PPARα   (69) TDTLSPASSPSSVTYPVAPAGADESPSV-ALNIECRICGDKASGYHYGVHACEGCKGFFRRTIRLKLVYD
    Red seabream PPARα   (69) LDALTPASSPSSVVYGMAAGQDDFSSSSSSLNLECRVCADRASGYHYGVHACEGCKGFFRRTIRLKLEYD
       Zebrafish PPARα   (65) LDALTPASSPSSGVYGCPVGQDEFTSTS--LNLECRVCSDRASGYHYGVHACEGCKGFFRRTIRLKLEYD
             Consensus   (71) LDALTPASSPSSIVYGLA GQDDFSSSS ALNLECRVCADRASGYHYGVHACEGCKGFFRRTIRLKLEYD

                               141                                                                 210
      Grass carp pparα  (137) KCERRCKIQKRNRNKCQYCRFQKCLSVGMSHNAIRFGRMPQSEKLRLKAEILTGEREVEDPQLADQKTLA
Atlantic salmon PPARα  (139) KCERRCKIQKKNRNKCQYCRFQKCLSVGMSHNAIRFGRMPQSEKLKLKAEMVTGDREVEDPQLADQKTLA
         Chicken PPARα  (138) KCDRNCKIQKKNRNKCQYCRFQKCLSVGMSHNAIRFGRMPRSEKAKLKAEILTGENYVEDSEMADLKSLA
             Pig PPARα  (138) KCDRSCKIQKKNRNKCQYCRFHKCLSAGMSHNAIRFGRMPRSEKAKLKAEILTCEHDLEDAETADLKSLA
    Red seabream PPARα  (139) KCERRCKIQKKNRNKCQYCRFQKCLSVGMSHNAIRFGRMPQSEKLKLKAEMVTGDREVEDPQVADQKTLA
       Zebrafish PPARα  (133) KCERRCKIQKKNRNKCQYCRFQKCLSVGMSHNAIRFGRMPQSEKLRLKAEILTGERDVED----DQKTLA
             Consensus  (141) KCERRCKIQKKNRNKCQYCRFQKCLSVGMSHNAIRFGRMPQSEKLKLKAEILTGEREVEDPQLADQKTLA

                               211                                                                 280
      Grass carp pparα  (207) KQIYEAYMKNFNMNKCKARTILTGKTST-PPFVIHDMETLQLAEQTFVAKMVGSSGGLLNKDAEVRIFHC
Atlantic salmon PPARα  (209) RQIYEAYLKNFNMNKAKARTILTGKTST-PPFVIHDMETLQLAEQTLVAKMVGSATALKDREAEVRIFHC
         Chicken PPARα  (208) KRIHDAYLKNFNMNKVKARVILAGKTNNNPPFVIHDMDTLCMAEKTLVAKLVAN--GIQNKEAEVRIFHC
             Pig PPARα  (208) KRIYEAYLKNFNMNKVKARVILAGKASNNPPFVIHDMETLCMAEKTLVAKLVAN--GIQNKEAEVRIFHC
    Red seabream PPARα  (209) RQIYEAYLKNFNMNKAKARTILTGKTST-PPFVIHDMETLQLAEQTLVAKMVGSAASLKDREAEVRIFHC
       Zebrafish PPARα  (199) KQIYEAYVKNFNMNKSKARTILTGKTST-PPFVIHDMETLQLAEQTFVAKMMGSCGGLLNKDPEVRIFHC
             Consensus  (211) KQIYEAYLKNFNMNKAKARTILTGKTST PPFVIHDMETLQLAEQTLVAKMVGSAGGL NKEAEVRIFHC

                               281                                                                 350
      Grass carp pparα  (276) CQCTSVETVTELTEFAKSVPGFSNLDLNDQVTLLKYGVHEALFAMLASCMNKDGLLVAYGSGFITREFLK
Atlantic salmon PPARα  (278) CQCTSVETVTELTEFAKSVPGFSNLDLNDQVTLLKYGVYEALFAMLASSMNKDGLLVAYGSGFITREFLK
         Chicken PPARα  (276) CQCTSVETVTELTEFAKSIPGFSNLDLNDQVTLLKYGVNEAIFAMLASVMNKDGMLVAYGNGFITREFLK
             Pig PPARα  (276) CQCTSVETVTELTEFAKSIPGFASLDLNDQVTLLKYGVYEAIFAMLSSVMNKDGMLVAYGNGFITREFLK
    Red seabream PPARα  (278) CQCTSVETVTELTEFAKSVPGFSSLDLNDQVTLLKYGVYEALFAMLASSMNKDGLLVAYGSGFITREFLK
       Zebrafish PPARα  (268) CQCTSVETVTELTEFAKSVPGFSNLDLNDQVTLLKYGVHEALFAMLASCMNKDGLLVAYGSGFITREFLK
             Consensus  (281) CQCTSVETVTELTEFAKSVPGFSNLDLNDQVTLLKYGVYEALFAMLAS MNKDGLLVAYGSGFITREFLK

                               351                                                                 420
      Grass carp pparα  (346) SLRRPFSEMMEPKFQFAMKFNSLELDDSDLALFVAAIICCGDRPGLVNVPHIERMQENIVNVLHLHLKSN
Atlantic salmon PPARα  (348) SLRQPFSEMMEPKFQFAMKFNALELDDSDLALFVAAIICCGDRPGLVNVAHIERMQDSIVQVLQLHLLSN
         Chicken PPARα  (346) SLRKPFCDIMEPKFDFAMKFNALELDDSDISLFVAAIICCGDRPGLVNVGHIEKMQESIVHVLKLHLQTN
             Pig PPARα  (346) SLRKPFCDIMEPKFDFAMKFNALELDDSDLSLFVAAIIWCGDRPGLLNVGHIERMQEGIVHVLKLHLQTN
    Red seabream PPARα  (348) SLRRPFSDMMEPKFQFAMKFNGLELDDSDLALFVAAIICCGDRPGLVNVAHIERMQESIVQVLQLHLLAN
       Zebrafish PPARα  (338) SLRRPFSDMMEPKFQFAMKFNSLELDDSDLALFVAAIICCGDRPGLVNVPHIERMQESIVNVLHLHLKSN
             Consensus  (351) SLRRPFSDMMEPKFQFAMKFNALELDDSDLALFVAAIICCGDRPGLVNVAHIERMQESIVNVL LHL SN

                               421                                                 473
      Grass carp pparα  (416) HPDHGFLFPKLLQKLVDLRQLVTEHAQLVQEIKKTE-DTSLHPLLQEIYRDMY
Atlantic salmon PPARα  (418) HPDDAFLFPRLLQKLADLRQLVTEHAQLVQEIKKTE-DTSLHPLLQEIYRDMY
         Chicken PPARα  (416) HPDDIFLFPKLLQKMADLRQLVTEHAQLVQIIKKTEFDAHLHPLLQEIYRDMY
             Pig PPARα  (416) HPDDVFLFPKLLQKLADLRQLVTEHAQLVQVIKKTEADAALHPLLQEIYRDMY
    Red seabream PPARα  (418) HPDDTFLFPKLLQKLADLRQLVTEHAQLVQEIKKTE-DTSLHPLLQEIYRDMY
       Zebrafish PPARα  (408) HPDHGFLFPKLLQKLVDLRQLVTEHAQLIQEIKKTE-DTSLHPLLQEIYRDMY
             Consensus  (421) HPDDGFLFPKLLQKLADLRQLVTEHAQLVQEIKKTE DTSLHPLLQEIYRDMY
```

图 5.2　草鱼 PPARα cDNA 的推测氨基酸序列与其他动物 PPARα 同源性比较

注：大西洋鲑（NP_001117032）、鸡（ABU24465）、猪（NP_001037991）、赤鲷（BAF80457）、斑马鱼（NP_001096037）。

2. 草鱼 PPARα 的推测氨基酸序列与其他动物 PPARα 的同源性比较

通过 NCBI 上的 Blash 在线软件，将草鱼 PPARα 的推测氨基酸序列与其他

动物的 PPARα 进行同源性比较（如图 5.2 所示）。由图 5.2 可见，草鱼 PPARα 的推测氨基酸序列与其他动物的 PPARα 同源性较高。进一步的同源性及基因树分析表明（如图 5.3 所示），草鱼 PPARα cDNA 的推测氨基酸序列与同为鲤形目的斑马鱼（NP_001096037）的同源性较高，为 94%；与鲈形目的赤鲷（BAF80457）的同源性为 92%，与大西洋鲑（NP_001117032）的同源性为 91%。草鱼 PPARα 与鸟类及哺乳动物的同源性稍低，但仍较高，例如与鸡（ABU24465）的同源性为 84%，与猪（NP_001037991）的同源性为 83%。

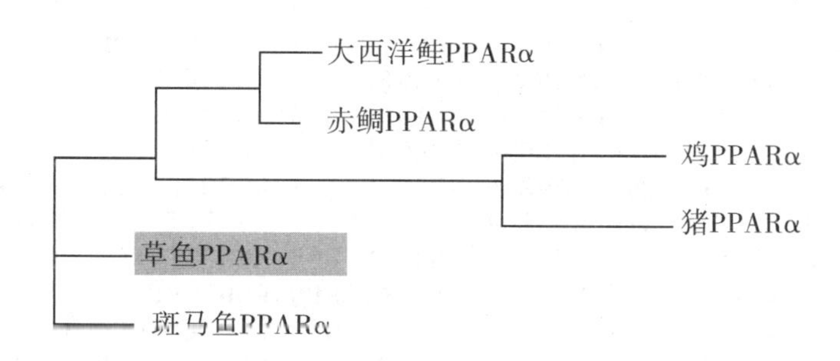

图 5.3　草鱼及其他不同物种 PPARα 的基因树分析

注：大西洋鲑（NP_001117032）、鸡（ABU24465）、猪（NP_001037991）、赤鲷（BAF80457）、斑马鱼（NP_001096037）。

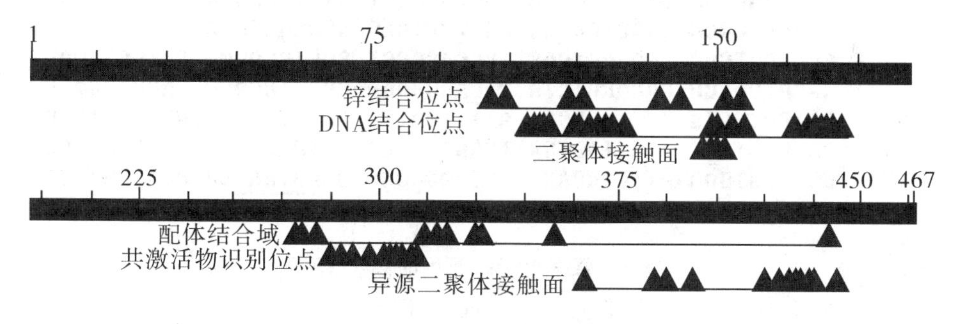

图 5.4　草鱼 PPARα 的保守区域示意图

草鱼 PPARα 与多种动物的 PPARα 具有一致的保守区域，如图 5.4 所示。由图 5.4 可见，草鱼 PPARα cDNA 的推测氨基酸具有其他动物 PPARα－b 高度保守的锌结合位点（zinc binding site）、DNA 结合位点（DNA binding site）、配体结合域（ligand binding domain）和共激活物识别位点（coactivator recognition site）等位点。

5.1.2.2 PPARβ cDNA 序列的克隆及同源性分析

1. PPARβ cDNA 的序列分析

所筛选 PPARβ 的阳性重组子经测序及相关软件分析结果如图 5.5 所示。由图 5.5 可见，所克隆的 PPARβ cDNA 片段全长为 1 120bp，包括部分 ORF 为 924bp，3'RACE UTR 为 196bp。其中部分 ORF 编码 307 个氨基酸残基。该序列在 NCBI 上登录的序列号为 HM014135。

```
   1  ATGCTCGGGA TGTCCCATGA CGCGATCCGA TACGGACGGA TGCCGGAGGC
  51  AGAGAAGCGT AAGCTAGTCG CGGGTCTGTT AGCGGGGGAA AAGAGCTCTC
 101  AGACCTCCAG CGGTTCAGAT CTGAAGTCTC TCGCCAAACG GGTCAACAAC
 151  GCCTACCTGA AGAATCTGAA CATGACCAAG AAGAAAGCTC GCAACATCCT
 201  GACGGGGAAG ACCAACGCAA GCCCGCCATT TGTCATTCAT GACATGGACT
 251  CGCTGTGGCA GGCGGAAAAC GGACTGGTCT GGAATCAGGT GATTAACGGA
 301  GCTCCGCCCA ATAAGGAGAT TGGCGTGCAT GTGTTTTACC GCTGTCAATG
 351  TACAACCGTG GAAACCGTAC GAGAACTCAC AGAGTTTGCC AAAAGCATCC
 401  CGGGATTCAT TGACCTTTTC TTGAATGACC AGGTGACGCT GTTGAAATAC
 451  GGTGTCCACG AGGCGATCTT CGCCATGCTG CCATCGCTCA TGAATAAGGA
 501  CGGGCTGTTG GTGGCGAATG GGCGGGGCTT CGTGACGAGA GAGTTCCTCC
 551  GCAGTCTTCG CAAACCCTTC AGCGAGATCA TGGAGCCGAA GTTTGAGTTT
 601  GCGGTGAAGT TTAACGCTCT CGAGCTGGAC GACAGCGACC TCGCCCTGTT
 651  CGTGGCTGCC ATTATCCTGT GTGGAGATCG TCCAGGACTC ATGAACGTCC
 701  ACCAGGTGGA GGAGATCCAG GACAGCATCC TCCAGGCCCT CAATCAGCAC
 751  TTGCAGCTCA ATCATCCCGA CGCCGGCTTT ATCTTCCCCA AACTGCTGCA
 801  GAAGCTCGCA GACCTGCGGC AGCTGGTGAC GGAGAACGCG CAGCTGGTGC
 851  AGAAGATCAA GAAGACTGAG TCGGAGACGT CGCTGCACCC GCTGCTACAG
 901  GAGATCTACA GGGACATGTA CTGACCCAAA CCATTCCAGG CACGCGGACC
 951  AATCACTGTG ACCTACTGCT ATTTTTATTA AACATTTTGG ATTTTATGCG
1001  ACTGGATGAT TTGTTACTGA TGAAATGCGA ACTGAACTCT GAACCAGACC
1051  GGCCAATGAG ATTGTGCAGG TCGAAGAGAC GCAATAAAGA CCCTCATTTG
1101  CTGCTCAAAA AAAAAAAAAA
```

图 5.5 草鱼 PPARβ 基因的核苷酸序列

注：终止密码子“TGA”用方框标出，PolyA 信号肽用下划线标出。

2. 草鱼 PPARβ 的推测氨基酸序列与其他动物 PPARβ 的同源性比较

通过 NCBI 上的 Blash 在线软件，将草鱼 PPARβ 与其他动物的 PPARβ 进行同源性比较（如图 5.6 所示）。由图 5.6 可见，草鱼 PPARβ 与其他动物的 PPARβ 的同源性较高。进一步的同源性及基因树分析表明（如图 5.7 所示），草鱼 PPARβ 与鱼类的同源性高于其他动物，与同属于鲤形目的斑马鱼（NP_571543）的同源性最高，为 95%；与大西洋鲑（NP_001117107）的同

源性为93%，与军曹鱼（ABC73395）的同源性为93%。草鱼 PPARβ 与鸟类及哺乳动物的 PPARβ 同源性也较高，其中与鸡（NP_990059）、人（NP_001165290）和牛（NP_001077105）的同源性分别为90%、89%和89%。

```
                              215                                                              279
      Grass carp PPARβ    (1) MLGMSHDAIRYGRMPEAEKRKLVAGLLAGEKSSQTS-SGSDLKSLAKRVNNAYLKNLNMTKKKAR
 Atlantic salmon PPARβ  (131) LLGMSHDAIRYGRMPEAEKRKLVAGLLAGERAPTTNPNGSDLKSLAKEVNNAYLKNLNMTKKKAR
          Cattle PPARβ  (135) ALGMSHNAIRFGRMPEAEKRKLVAGLTANEGSQHNP-QVADLRAFSKHIYSAYLKNFNMTKKKAR
         Chicken PPARβ  (136) SLGMSHNAIRFGRMPEAEKRKLVAGLTASEISCQNP-QVADLKAFSKHIYNAYLKNFNMTKKKAR
           Cobia PPARβ  (204) SLGMSHDAIRYGRMPEAERKKLVAGLLAEELNLGKP-GGSDLKTLAKQVNTAYLKNLSMTKKRAR
           Human PPARβ   (96) ALGMSHNAIRFGRMPEAEKRKLVAGLTANEGSQYNP-QVADLKAFSKHIYNAYLKNFNMTKKKAR
       Zebrafish PPARβ  (213) ALGMSHDAIRYGRMPEAEKKKLVAGLLAGENPQSSS--GADLKTLAKHVNTAYLRNLNMTKKKAR
             Consensus  (215) ALGMSHDAIRYGRMPEAEKRKLVAGLLA E S   P QGADLKALAKHVNNAYLKNLNMTKKKAR

                              280                                                              344
      Grass carp PPARβ   (65) NILTGKTNAS-----PPFVIHDMDSLWQAENGLVWNQVINGAPPNKEIGVHVFYRCQCTTVETVR
 Atlantic salmon PPARβ  (196) SILTGKTSSSPVEYPYPFVIHDMDSLCQAENGLVWKQLINGTTPNKEIGVHVFYRCQCTTVETVR
          Cattle PPARβ  (199) GILTGKASHT-----APFVIHDIETLWQAEKGLVWKQLVNSLPPYKEISVHVFYRCQCTTVETVR
         Chicken PPARβ  (200) GILTGKASSTP----QPFVIHDMDTLWQAEKGLVWKQLVNGIPPYKEIGVHVFYRCQCTTVETVR
           Cobia PPARβ  (268) SILTGKTSST-----SPFVIYDVDTLWKAESGLVWSQLLPGAPLTKEIGVHVFYRCQCTTVETVR
           Human PPARβ  (160) SILTGKASHT-----APFVIHDIETLWQAEKGLVWKQLVNGLPPYKEISVHVFYRCQCTTVETVR
       Zebrafish PPARβ  (276) SILTGKTSCT-----APFVIHDMDSLWQAENGLVWNQ-LNGAPLNKEIGVHVFYRCQCTTVETVR
             Consensus  (280) SILTGKTSST     APFVIHDMDTLWQAE GLVWKQLVNG PP KEIGVHVFYRCQCTTVETVR

                              345                                                              409
      Grass carp PPARβ  (125) ELTEFAKSIPGFIDLFLNDQVTLLKYGVHEAIFAMLPSLMNKDGLLVANGRGFVTREFLRSLRKP
 Atlantic salmon PPARβ  (261) ELTEFAKSIPGFVDLFLNDQVTLLKYGVHEAIFAMLPSLMNKDGLLVANGKGFVTREFLRSLRRP
          Cattle PPARβ  (259) ELTEFAKSIPSFGDLFLNDQVTLLKYGVHEAIFAMLASIVNKDGLLVANGTGFVTREFLRSLRKP
         Chicken PPARβ  (261) ELTEFAKSIPSFIGLYLNDQVTLLKYGVHEAIFAMLASIMNKDGLLVANGNGFVTREFLRTLRKP
           Cobia PPARβ  (328) ELTEFAKCIPGFVDLFLNDQVTLLKYGVHEAIFAMLPSLMNKDGLLVANGKGFVTREFLRSLRKP
           Human PPARβ  (220) ELTEFAKSIPSFSSLFLNDQVTLLKYGVHEAIFAMLASIVNKDGLLVANGSGFVTREFLRSLRKP
       Zebrafish PPARβ  (335) ELTEFAKNIPGFVDLFLNDQVTLLKYGVHEAIFAMLPSLMNKDGLLVANGKGFVTREFLRSLRKP
             Consensus  (345) ELTEFAKSIPGFVDLFLNDQVTLLKYGVHEAIFAMLPSLMNKDGLLVANGKGFVTREFLRSLRKP
                              410                                                              474
      Grass carp PPARβ  (190) FSEIMEPKFEFAVKFNALELDDSDLALFVAAIILCGDRPGLMNVHQVEEIQDSILQALNQHLQLN
 Atlantic salmon PPARβ  (326) FSEIMEPKFEFAVKFNALELDDSDLALFVAAIILCGDRPGLINIKQVEEIQDSILQALDQHLLAN
          Cattle PPARβ  (324) FSDIIEPKFEFAVKFNALELDDSDLALFIAAIILCGDRPGLMNVSQVEAIQDTILRALEFHLQAN
         Chicken PPARβ  (326) FNEIMEPKFEFAVKFNALELDDSDLSLFVAAIILCGDRPGLMNVKQVEEIQDNILRALEFHLQSN
           Cobia PPARβ  (393) FSEIMEPKFEFAVKFNALELDDSDLALFVAAIILCGDRPGLMNVKQVEQSQDNILQALDLHLQAN
           Human PPARβ  (285) FSDIIEPKFEFAVKFNALELDDSDLALFIAAIILCGDRPGLMNVPRVEAIQDTILRALEFHLQAN
       Zebrafish PPARβ  (400) FSEIMEPKFEFAVKFNALELDDSDLALFVAAIILCGDRPGLMNVKQVEQIQDGILQALDQHLQVH
             Consensus  (410) FSEIMEPKFEFAVKFNALELDDSDLALFVAAIILCGDRPGLMNVKQVE IQDSILQALD HLQAN

                              475                                                  527
      Grass carp PPARβ  (255) HPDAGFIFPKLLQKLADLRQLVTENAQLVQKIKKTESETSLHPLLQEIYRDMY
 Atlantic salmon PPARβ  (391) HTDSKYLFPKLLNKMADLRQLVTENAMLVQKIKKTESETSLHPLLQEIYKDMY
          Cattle PPARβ  (389) HPDAQYLFPKLLQKMADLRQLVTEHAQMMQRIKKTETETSLHPLLQEIYKDMY
         Chicken PPARβ  (391) HPDAQYLFPKLLQKMADLRQLVTEHAQLVQKIKKTETETSLHPLLQEIYKDMY
           Cobia PPARβ  (458) HSDSVYLFPKLLQKMADLRQLVTENAQLVQKIKKTESETSLHPLLQEIYKDMY
           Human PPARβ  (350) HPDAQYLFPKLLQKMADLRQLVTEHAQMMQRIKKTETETSLHPLLQEIYKDMY
       Zebrafish PPARβ  (465) HPDSSHLFPKLLQKMADLRQLVTENAQLVQMIKKTESETSLHPLLQEIYKDMY
             Consensus  (475) HPDA YLFPKLLQKMADLRQLVTENAQLVQKIKKTESETSLHPLLQEIYKDMY
```

图5.6 草鱼 PPARβ cDNA 的推测氨基酸序列与其他动物 PPARβ 同源性比较

注：大西洋鲑（NP_001117107）、牛（NP_001077105）、鸡（NP_990059）、军曹鱼（ABC73395）、人（NP_001165290）、斑马鱼（NP_571543）。

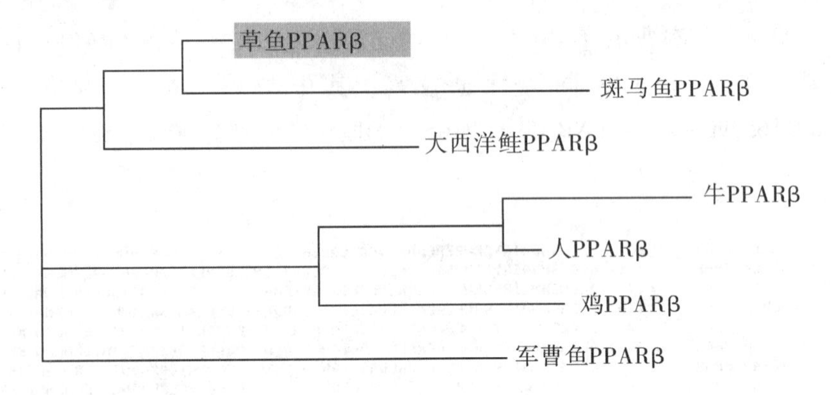

图 5.7　草鱼及其他不同物种 PPARβ 的基因树分析

注：大西洋鲑（NP_001117107）、牛（NP_001077105）、鸡（NP_990059）、军曹鱼（ABC73395）、人（NP_001165290）、斑马鱼（NP_571543）。

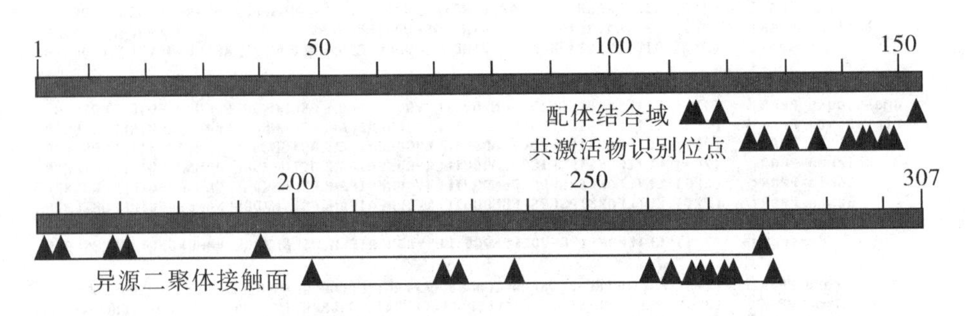

图 5.8　草鱼 PPARβ 的保守区域示意图

5.1.2.3　PPARγ cDNA 序列的克隆及同源性分析

1. PPARγ cDNA 的序列分析

所筛选 PPARγ 的阳性重组子经测序及相关软件分析结果如图 5.9 所示。由图 5.9 可见，所克隆的 PPARγ cDNA 片段全长为 1 580bp，包括完全 ORF 为 1 569bp，5' RACE UTR 为 11bp。其 ORF 编码 467 个氨基酸残基。该序列在 NCBI 上登录的序列号为 EU847421。

2. 草鱼 PPARγ 的推测氨基酸序列与其他动物 PPARγ 的同源性比较

通过 NCBI 上的 Blash 在线软件，将草鱼 PPARγ 与其他动物的 PPARγ 进行同源性比较如图 5.10 所示，由图 5.10 可见，草鱼 PPARγ 与其他动物的 PPARγ 的同源性均较高。进一步的同源性及基因树分析表明（如图 5.11 所示），草鱼 PPARγ 与鱼类的同源性高于其他动物，例如同属于鲤形目的斑马鱼（NP_571542）的同源性最高，为91%；其次与军曹鱼（ABC50163）的同源性为93%；欧洲鲽（*Pleuronectes platessa*，CAD62449）的同源性为77%。草鱼 PPARγ 与鸟类及哺乳动物的 PPARγ 同源性也较高，其中与恒河猴（*Macaca mulatta*，ABE01103）的同源性为76%；与鸡（NP_001001460）的同源性为75%。

```
   1  TCTCCGCTGA TATGGTGGAC ACGCAGACGT TCGCCTGGCC CGTGGGATTC
  51  GGCCTGAGCG CTCTGGAACT GGACGAACTT GACGACAGCT CACACTCGCT
 101  GGACATGAAG CCTTTCTCCA CGCTGGACTA CGCCACCATT TCCGGCATCG
 151  AGTATGAGCC GAGTCCGCCG CAGAACGAGA TTCCACACAT GATGGATCTG
 201  ACGCACATGT ACGGCTACAG GACGCAGGAG AACTACAGGA CGCAGGAGAA
 251  CTACAGGATG CAGGAGAACT ACAGGACGCA GGAGAGCATC TACAGAGCTC
 301  ACGAGAGCAG CTACACCGCC GAGGACAGCG GATACAGAGC GCACCAGACA
 351  CAAAACTCGA TCAAACTCGA ACCCGAGTCT CCTCCACAGT TTGCCGAGAA
 401  CAGCCTGTCA CTTTCCAAAG CTCACGAAGA TCCGTCCGCC TCCGTGCTGA
 451  ACATCGAGTG TCGTGTGTGT GGAGACAAGG CCTCGGGCTT CCATTACGGC
 501  GTTCATGCCT GCGAGGGCTG CAAGGGATTT TTCCGCAGAA CCATTCGGTT
 551  GAAGCTGGTC TACGACCACT GCGACCTGCA CTGCCGCATC CACAAGAAGA
 601  GTCGCAACAA GTGCCGGTAC TGCCGCTTTC AGAAGTGCCT GATGGTTGGC
 651  ATGTCACACA ACGCCATTCG TTTTGGTCGA ATGCCCCAAG CCGAGAAAGA
 701  GAAGCTCTTG GCCGAGTTCT CCACTGACAT GGACCACATG CACCCAGAAT
 751  CGGCTGATCT CCGAGCGCTG GCCAGGCATC TGTACGAGTC CTATCTGAAG
 801  TATTTCCCCC TGACCAAAGC CAAGGCCAGA GCCATACTGT CAGGAAAGAC
 851  CAGCGACAAT GCACCTTTCG TTATCCACGA CATGAAGTCT CTGACGGAAG
 901  GAGAGCACAT GATCAACTGC CGGCAGATGC CCATGCAGGA GCACCGGAGA
 951  TCCGACATGG GCATCATGCA AGAAGTGGAG CTTCGTTTCT TCCACAGCTG
1001  CCAGTCGCGT TCGGCCGAAG CTGTCAGCGA AGTCACTGAA TTTGCCAAGA
1051  GCATCCCGGG CTTTGTCAAC CTGGACTTGA ACGACCAAGT GACGCTCCTG
1101  AAGTACGGCG TCATCGAGGT GCTCATCATC ATGATGGCTC CGCTCATGAA
1151  CAAAGACGGC ACGCTCATCT CCTACGGTCA GATCTTCATG ACCCGCGAGT
1201  TCCTCAAGAG CCTGCGCAAA CCCTTCTGTG AAATGATGGA GCCCAAGTTC
1251  GAGTTCTCCG TCAAGTTCAA CATGCTGGAG TTGGACGACA GCGACATGGC
1301  GCTGTTCCTG GCCGTCATCA TCCTGAGCGG AGATCGTCCC GGACTGCTGA
1351  ACGTCAAGCC CATTGAGGAT CTACAGGAGA CGGTTCTTCA CTCTCTGGAG
1401  CTGCAGCTGA AGACCAACCA TCCAGACTCG CTCCAGCTCT TCGCCAAGGT
1451  CCTGCAGAAG ATGACGGACC TGCGGCAGCT GGTGACCGAC CACGTCCAGC
1501  TGATCCAGCT GATGAAGGAG ACGGAGTTGG ACTGGTGCTT ACACCCGCTC
1551  CTGCAGGAGA TCATGCGGGA CCTGTACTAA
```

图 5.9　草鱼 PPARγ 基因的核苷酸序列

注：起始密码子“ATG”与终止密码子“TAA”用方框标出。

```
                                  31                                                                    100
         Grass carp PPARγ     (1) MVDTQTFAWPVGFGLSALELDELDDSSHSLDMKPFSTLDYATISGIEYEPSPPQNE-IPHMMDLTHMYGY
            Chicken PPARγ     (1) MVDTEMPFWPVNFGISPVDLSAMDDHMHSFDIKPFTTVDFSSISSPHYEDIPLGRA---DQTSIDYKYDI
              Cobia PPARγ     (2) VDTQQLLAWPVGFSLSAVDLSELDDSSHSLDMKHLSTLDYASISSASIPSSLSPPL-VSSISSVGVAYDP
    European plaice PPARγ     (2) VDTQQLLAWPVGFSLSAVDLSELDDSSHSLDMKHLATLDYTSISSASVPSSLSPQL-MSSISSVGVAYDP
                Pig PPARγ    (30) MVDTEMPFWPTNFGISSVDLSVMDDHSHSFDIKPFTTVDFSSISTPHYEDIPFPRA---DPMVADYKYDL
      Rhesus monkey PPARγ    (31) MVDTEMPFWPTNFGISSVDLSVMDDHSHSFDIKPFTTVDFSSISAPHYEDIPFTRT---DPMVADYKYDL
          Zebrafish PPARγ    (17) MVDTQTFGWPVGFGLSALELEELEDDTHSLDIKPFSTLDYSSISGIDYENNPTQNDPTPHMMDLTHMYSY
                Consensus    (31) MVDTQM AWPVGFGLSAVDLSELDD SHSLDIKPFSTLDYSSISS  YE  P        IM L Y YD

                                  101                                                                   170
         Grass carp PPARγ    (70) RTQENYRTQENYRMQENYRTQESIYRAHESSYTAEDSGYRAHQTQNSIKLEPESPPQFAENSLSLSKAHE
            Chicken PPARγ    (68) KLQDC-------------------------------QS------AIKMEPPSPPYFSEKVQLYNKPHE
              Cobia PPARγ    (71) SPPQN----------------E--EHLTNMDYINMHSYRAELNTHNSIKLEPESPPQ-YSDSPVFSKLQD
    European plaice PPARγ    (71) SPPQS---------------EE---HLTNMDYTNMHSYRTEPNVHNSIKMEPESPPQ-YSDSPVFSKLQD
                Pig PPARγ    (97) KLQDY-------------------------------QS------AIKVEPVSPPYYSEKTQLYNKPHE
      Rhesus monkey PPARγ    (98) KLQEY---------------------------------------QSAIKVEPASPPYYSEKTQLYNKPHE
          Zebrafish PPARγ    (87) RTQEN------------YRTHEPIYRPEHSSYSPEENTYRAQQIQNSIKLEPESPPQFAENSVSFSKTPE
                Consensus   (101) K QE                 E         Y           N  NSIKLEPESPPQFSE S LFSK HE

                                  171                                                                   240
         Grass carp PPARγ   (140) DPSASVLNIECRVCGDKASGFHYGVHACEGCKGFFRRTIRLKLVYDHCDLHCRIHKKSRNKCRYCRFQKC
            Chicken PPARγ    (99) ESSNSLMAIECRVCGDKASGFHYGVHACEGCKGFFRRTIRLKLIYDRCDLNCRIHKKSRNKCQYCRFQKC
              Cobia PPARγ   (122) DTVAASLNIECRVCGDKASGFHYGVHACEGCKGFFRRTIRLKLVYDHCDLHCRIHKKSRNKCQYCRFQKC
    European plaice PPARγ   (122) DTTAASLNIECRVCGDKASGFHYGVHACEGCKGFFRRTIRLKLVYDHCDLHCRIHKKSRNKCQYCRFQKC
                Pig PPARγ   (128) EPSNSLMAIECRVCGDKASGFHYGVHACEGCKGFFRRTIRLKLIYDRCDLNCRIHKKSRNKCQYCRFQKC
      Rhesus monkey PPARγ   (129) EPSNSLMAIECRVCGDKASGFHYGVHACEGCKGFFRRTIRLKLIYDRCDLNCRIHKKSRNKCQYCRFQKC
          Zebrafish PPARγ   (145) DPSSSSLNIECRVCGDKASGFHYGVHACEGCKGFFRRTIRLKLVYDHCDLHCRIHKKSRNKCQYCRFQKC
                Consensus   (171) DPSASLLNIECRVCGDKASGFHYGVHACEGCKGFFRRTIRLKLVYDHCDLHCRIHKKSRNKCQYCRFQKC

                                  241                                                                   310
         Grass carp PPARγ   (210) LMVGMSHNAIRFGRMPQAEKEKLLAEFSTDMDHMHPESADLRALARHLYESYLKYFPLTKAKARAILSGK
            Chicken PPARγ   (169) LAVGMSHNAIRFGRMPQAEKEKLLAEISSDIDQLNPESADLRALAKHLYDSYIKSFPLTKAKARAILTGK
              Cobia PPARγ   (192) LNVGMSHNAIRFGRMPQAEKEKLLAEFSSDMEHMHPEAADLRALARHLYEAYLKYFPLTKAKARAILSGK
    European plaice PPARγ   (192) LNVGMSHNAIRFGRMPQAEKEKLLAEFSSDMEHMHPEAADLRALARHLYEAYLKYFPLTKAKARAILSGK
                Pig PPARγ   (198) LAVGMSHNAIRFGRMPQAEKEKLLAEISSDIDQLNPESADLRALAKHLYDSYIKSFPLTKAKARAILTGK
      Rhesus monkey PPARγ   (199) LAVGMSHNAIRFGRMPQAEKEKLLAEISSDIDQLNPESADLRALAKHLYDSYIKSFPLTKAKARAILTGK
          Zebrafish PPARγ   (215) LMVGMSHNAIRFGRMPQAEKEKLLAEFSSDVNHMHPESADLRALARHLYESYLKYFPLTKAKARAILSGK
                Consensus   (241) L VGMSHNAIRFGRMPQAEKEKLLAEFSSDIDHMHPESADLRALARHLYESYLKYFPLTKAKARAILSGK

                                  311                                                                   380
                                  311                                                                   380
         Grass carp PPARγ   (280) TSDNAPFVIHDMKSLTEGEHMINCRQMPMQEHRRSD----------------------------MGIMQE
            Chicken PPARγ   (239) TTDKSPFVIYDMNSLRMGEDQIKCKHASPLQEQNKE----------------------------------
              Cobia PPARγ   (262) TGDNAPFVIHDMKSLMEGEQFINCRQIPIQEHQQQTSVLTAGHGGVTGVHMGSECGVLGSIS-GQGPTDA
    European plaice PPARγ   (262) TGDNAPFVIHDIKSLMEGEQFINCRQMPIQEQQQASVLTATHGGLTEHHMGSDYGVWGTTSISGQEPQNA
                Pig PPARγ   (268) TTDKSPFVIYDMNSLMMGEDKIKFKHITPLQEHSKE----------------------------------
      Rhesus monkey PPARγ   (269) TTDKSPFVIYDMNSLMMGEDKIKFKHITPLQEQSKE----------------------------------
          Zebrafish PPARγ   (285) TSDNAPFVIHDMKSLVEGEQMINCRYMPLHEHRRSD----------------------------LGIMHE
                Consensus   (311) TTDNAPFVIHDMKSLMEGE  INCRHIPI E Q  E

                                  381                                                                   450
         Grass carp PPARγ   (322) VELRFFHSCQSRSAEAVSEVTEFAKSIPGFVNLDLNDQVTLLKYGVIEVLIIMMAPLMNKDGTLISYGQI
            Chicken PPARγ   (275) VAIRIFQRCQFRSVEAVQEITEFAKNIPGFVNLDLNDQVTLLKYGVHEIIYTLLASLMNKDGVLISDGQG
              Cobia PPARγ   (331) VELRFFQSCQSRSAEAVREVTEFAKSIPGFIDLDLNDQVTLLKYGVIEVLIIMMSPLMNKDGTLISYGQI
    European plaice PPARγ   (332) LELRFFQSCQSRSAEAVREVTEFAKSIPGFTDLDLNDQVTLLKYGVIEVLIIMMSPLMNKDGTLISYGQI
                Pig PPARγ   (304) VAIRIFQGCQFRSVEAVQEITEYAKNIPGFVNLDLNDQVTLLKYGVHEIIYTMLASLMNKDGVLISEGQG
      Rhesus monkey PPARγ   (305) VAIRIFQGCQFRSVEAVQEITEYAKSIPGFVNLDLNDQVTLLKYGVHEIIYTMLASLMNKDGVLISEGQG
          Zebrafish PPARγ   (327) VELRFFHSYQSRSAEAISEVTEFAKSIPGFINLDLNDQVTLLKYGVIEVMIIMISPLMNKDGTLISYGQI
                Consensus   (381) VELRFFQSCQSRSAEAV EVTEFAKSIPGFVNLDLNDQVTLLKYGVIEVIIIMLAPLMNKDGTLISYGQI

                                  451                                                                   520
         Grass carp PPARγ   (392) FMTREFLKSLRKPFCEMMEPKFEFSVKFNMLELDDSDMALFLAVIILSGDRPGLLNVKPIEDLQETVLHS
            Chicken PPARγ   (345) FMTREFLKSLRKPFCDFMEPKFEFAVKFNALELDDSDLAIFIAVIILSGDRPGLLNVKPIEDIQDNLLQA
              Cobia PPARγ   (401) FMTREFLKSLRKPFCQMMEPKFEFSVKFNTLELDDSDMALFLAVIILSGDRPGLLNVKPIEQLQETVLHS
    European plaice PPARγ   (402) FMTREFLKSLRKPFCQMMEPKFEFSVKFNTLELDDSDMALFLVVIILSGDRPGLLNVKPIEQLQETVLHS
                Pig PPARγ   (374) FMTREFLKSLRKPFGDFMEPKFEFAVKFNALELDDSDLAIFIAVIILSGDRPGLLNVKPIEDIQDNLLQA
      Rhesus monkey PPARγ   (375) FMTREFLKSLRKPFGDFMEPKFEFAVKFNALELDDSDLAIFIAVIILSGDRPGLLNVKPIEDIQDNLLQA
          Zebrafish PPARγ   (397) FMTREFLKSLRKPFCEMMEPKFEFSIKFNMLELDDCDMALFLAVIILSGDRPGLLDVKPIEDLQETVLHS
                Consensus   (451) FMTREFLKSLRKPFCDMMEPKFEFSVKFN LELDDSDMALFLAVIILSGDRPGLLNVKPIEDLQETVLHS

                                  521                                                          581
         Grass carp PPARγ   (462) LELQLKTNHPDSLQLFAKVLQKMTDLRQLVTDHVQLIQLMKETELDWCLHPLLQEIMRDLY
            Chicken PPARγ   (415) LELQLKLNHPESSQLFAKLLQKMTDLRQIVTEHVQLLQIIKKTETDMSLHPLLQEIYKDLY
              Cobia PPARγ   (471) LELQLKLNHPDSLQLFAKLLQKMTDLRQIVTDHVHLIQLLKKTEVDMCLHPLLQEIMKDLY
    European plaice PPARγ   (472) LELQLKLNHPDSLQLFAKLLQKMTDLRQIVTDHVHLIQLLKKTEVDMCLHPLLQEIMKDLY
                Pig PPARγ   (444) LELQLKLNHPESSQLFAKLLQKMTDLRQIVTEHVQLLQVIKKTETDMSLHPLLQEIYKDLY
      Rhesus monkey PPARγ   (445) LELQLKLNHPESSQLFAKLLQKMTDLRQIVTEHVQLLQVIKKTETDMSLHPLLQEIYKDLY
          Zebrafish PPARγ   (467) LELQLKINHPDSLQLFAKVLQKMTDLRQLVTDHVQLIQMMKETEADWSLHPLLQEIMRDLY
                Consensus   (521) LELQLKLNHPDSLQLFAKLLQKMTDLRQIVTDHVQLIQLIKKTE DMSLHPLLQEIMKDLY
```

图 5.10　草鱼 PPARγ cDNA 的推测氨基酸序列与其他动物 PPARγ 同源性比较

注：草鱼（ACF70732）、鸡（NP_001001460）、军曹鱼（ABC50163）、欧洲鲽（CAD62449）、猪（ABE01103）、恒河猴（ABE01103）、斑马鱼（NP_571542）。

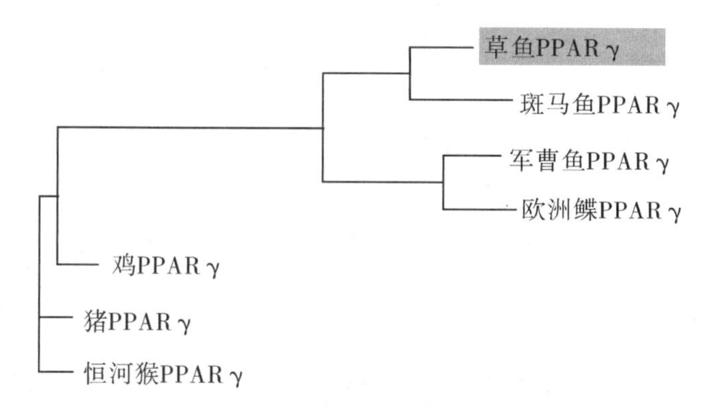

图 5.11 草鱼及其他不同物种 PPARγ 的基因树分析

注：草鱼（ACF70732）、鸡（NP_001001460）、军曹鱼（ABC50163）、欧洲鲽（CAD62449）、猪（ABE01103）、恒河猴（ABE01103）、斑马鱼（NP_571542）。

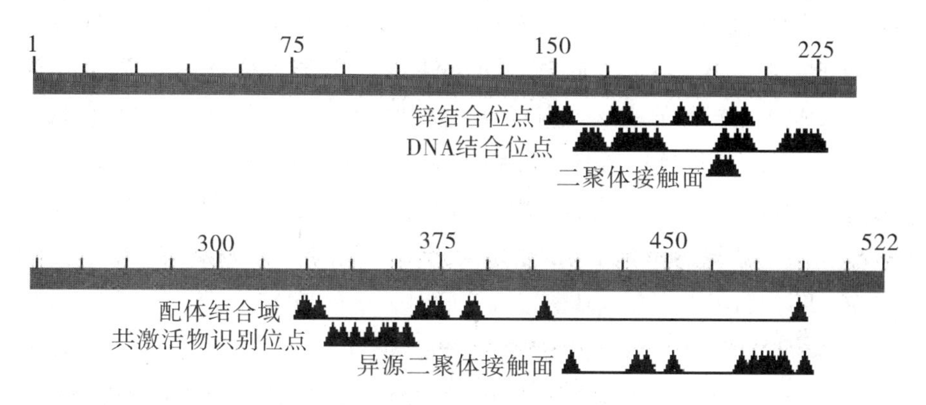

图 5.12 草鱼 PPARγ 的保守区域示意图

5.1.3 讨论

到目前为止，关于哺乳类、鸟类 PPARs 的结构与功能研究较为深入，已克隆了多种动物包括人类的 PPARs 基因。PPARs 三种亚型的结构有一定的同源性，但它们的配体和目标基因有明显的不同（Marx et al.，2004）。人类 PPARα 有 468 个氨基酸残基，PPARβ 有 441 个氨基酸残基，PPARγ 有 479 个氨基酸残基（李荣娟、任利群，2006）。孟和等（2004）参考其他物种的 PPARs 基因序列，克隆测序获得鹅 PPARα 和 PPARγ 基因的 cDNA 序列。Leaver et al.（2005）克隆了两种海水鱼鲽（*Pleuronectes platessa*）和金头鲷（*Sparus aurata*）的 PPARs 的三个亚型即 PPARα、β 和 γ，并进行了基因结构及表达分析。

目前，已报道的真鲷 PPARα（BAF80457）包含 469 个氨基酸残基（Oku and Umino，2008）。该试验所克隆的草鱼 PPARα cDNA 片段全长为 1 474bp，包括完全 ORF 为 1 404bp，ORF 编码 467 个氨基酸残基。不同物种的 PPARα 氨基酸序列比较保守。草鱼 PPARα 与多种鱼的同源性为 90% 以上，与鸟类及哺乳动物的同源性为 80% 以上。由图 5.4 可见，草鱼 PPAR α cDNA 的推测氨基酸具有其他动物 PPARα - b 高度保守的锌结合位点、DNA 结合位点、配体结合域和共激活物识别位点等位点，推测该试验所获得的草鱼 PPARα 也属于 PPARα - b。

该试验所克隆的草鱼 PPARβ cDNA 片段全长为 1 120bp，包括部分 ORF 为 924bp，3' RACE UTR 为 196bp。其中部分 ORF 编码 307 个氨基酸残基。不同物种的 PPARβ 氨基酸序列比较保守。草鱼 PPARβ 与多种鱼类的同源性为 90% 以上，与鸟类及哺乳动物的同源性约为 90%。由图 5.8 可见，草鱼 PPARβ cDNA 的推测氨基酸具有其他动物 PPARβ 高度保守的配体结合域、共激活物识别位点和异源二聚体接触面（heterodimer interface）等位点。因此，根据序列同源性与保守位点的分析，推测该序列属于 PPARβ。

该试验所获得的草鱼 PPARγ cDNA 片段全长为 1 580bp，包括完全 ORF 为 1 569 bp，编码 467 个氨基酸残基。同时，草鱼 PPARγ cDNA 的推测氨基酸具有其他动物 PPARγ 高度保守的锌结合位点、DNA 结合位点、配体结合域和共激活物识别位点等位点。因此，根据序列同源性与保守位点的分析，推测该序列属于 PPARγ。同源性分析表明，草鱼 PPARγ 与其他动物 PPARγ 的同源性较高。其中与斑马鱼及军曹鱼的同源性为 90% 以上；但与欧洲鲽的同源性不到 80%。与草鱼 PPARα、β 相比，草鱼 PPARγ 与鸟类及哺乳动物的同源性相对较低一些，只有 75% 左右。因此，推测草鱼 PPARγ 在机体内作用与功能可能与鸟类及哺乳动物有差异。Leaver 等（2005）也认为，鱼 PPARα 与 PPARβ 中存在类似于哺乳动物的配体激活机制；但 PPARγ 的配体激活机制可能与哺乳动物有差别，因为哺乳动物的特异配体不能激活 PPARγ 的表达；同时，鱼的 PPARs 在体内组织的分布比其在哺乳类中更为广泛。

5.1.4 小结

该试验所克隆的草鱼 PPARα cDNA 片段全长为 1 474bp，包括完全 ORF

为1 404bp，5'RACE UTR为39bp，3'RACE UTR为31bp。其中ORF编码467个氨基酸残基。首次克隆的PPARβ cDNA片段为1 120bp，包括部分ORF为924bp，3'RACE UTR为196bp。其中部分ORF编码307个氨基酸残基，在NCBI上登录的序列号为HM014135。首次克隆的PPARγ cDNA片段全长为1 580bp，包括完全ORF为1 569bp，5'RACE UTR为11bp，ORF编码467个氨基酸残基。该序列在NCBI上登录的序列号为EU847421。

5.2 棉粕替代豆粕对草鱼转氨酶活性及PPARs基因表达的影响

5.2.1 材料与方法

5.2.1.1 试验材料

试验动物及试验饲料见2.1试验Ⅰ。

试剂：谷草转氨酶（GOT）、谷丙转氨酶（GPT）与肝组织匀浆上清液的总蛋白质测定试剂盒均购自南京建成生物工程研究所。DNase、Trizol Reagent购自Promega公司、SMART™ RACE cDNA Amplification Kit购自Clontech公司、Real Time RNA PCR Kit购自宝生物工程（大连）有限公司。

5.2.1.2 方法

1. 草鱼肝胰脏组织GOT与GPT活性的测定

（1）GOT活性的测定。

①样本前处理。

准确称取组织重量，按质量体积比1：99倍生理盐水制成1%匀浆，2 500 r/min离心10min，取上清液待测。

操作表如下：

	对照管	测定管
样本（mL）		0.1
基质液（mL）37℃已预温5min	0.5	0.5
混匀后，37℃水浴30min		
2，4-二硝基苯肼液（mL）	0.5	0.5

（续上表）

	对照管	测定管
样本（mL）	0.1	
混匀后，37℃水浴 20min		
0.4mol/L 氢氧化钠液（mL）	5	5

混匀，室温放置 10min，于波长 505nm 处，1cm 光径比色杯，蒸馏水调零，测各管吸光度，测定管吸光度减去对照管吸光度之差值，查标准曲线，求得相应的组织匀浆 ALT/GOT 活性单位进行计算。

②计算公式：

肝胰脏中 GOT 活性（U/mgprot）＝查表得匀浆活性 ÷ 组织匀浆蛋白含量（mgprot/mL）

（2）GPT 活性的测定。

① 样本前处理。

准确称取组织重量，按质量体积比加 1：99 倍生理盐水制成 1% 匀浆，3 500r/min 离心 10min，取上清液待测。

操作表如下：

	对照管	测定管
1% 匀浆（mL）		0.1
基质液（mL）37℃已预温 5min	0.5	0.5
混匀后，37℃水浴 30min		
2，4－二硝基苯肼液（mL）	0.5	0.5
1% 匀浆（mL）	0.1	
混匀后，37℃水浴 20min		
0.4mol/L 氢氧化钠液（mL）	5	5

混匀，室温放置 5min，于波长 505nm 处，蒸馏水调零，测各管吸光度，测定管吸光度减去对照管吸光度之差值，查标准曲线，求得相应的组织匀浆 ALT/GPT 活性单位进行计算。

②计算公式：

肝胰脏中 GPT 活性（U/mgprot）=查表得匀浆活性÷组织匀浆蛋白含量（mgprot/mL）

2. PPARs 基因表达的荧光定量分析

根据克隆得 PPARα、β、γ 基因 cDNA 核心序列，按照定量引物设计的要求，采用 Primer Premier 5.0 和 Vector NTI Suite 6.0 软件辅助分析，设计荧光定量 PCR 特异引物（如表 5.4 所示），并由上海英骏生物技术有限公司合成。

表 5.4　实时荧光定量 PCR 的特异引物

基因	正向和反向引物序列（5' to 3'）	退火温度（℃）	PCR 产物长度（bp）
PPARα	F：CCACCCGGATCACGGTTTCCTCT	62	150
	R：TCAGTACATGTCTCTGTAGATCTCCTGCA		
PPARβ	F：GGACAGCATCCTCCAGGCCCTCA	58	188
	R：TAGATCTCCTGTAAAAGCGGGTG		
PPARγ	F：CGAGAACAGCCTGTCACTTTCCA	57	220
	R：GGCACTTGTTGCGACTCTTCTTGT		

（1）肝脏总 RNA 的提取。

方法同 3.2.1.2。

（2）含 PPARα、β、γ 基因的重组子质粒的抽提。

方法同 3.2.1.2。

（3）实时荧光定量 PCR。

方法同 3.2.1.2。

5.2.2　结果

5.2.2.1　棉粕替代豆粕对草鱼肝胰脏 GPT 和 GOT 活性的影响

棉粕替代豆粕对草鱼肝胰脏 GPT 和 GOT 活性的影响如图 5.13 所示。由图 5.13 可见，当棉粕替代 35% 或 68% 豆粕时，草鱼肝胰脏 GPT 和 GOT 活性显著低于对照组（$p<0.05$）；当棉粕完全替代豆粕时，草鱼肝胰脏 GPT 活性显著高于对照组（$p<0.05$），而其 GOT 活性与对照组差异不显著（$p>0.05$）。

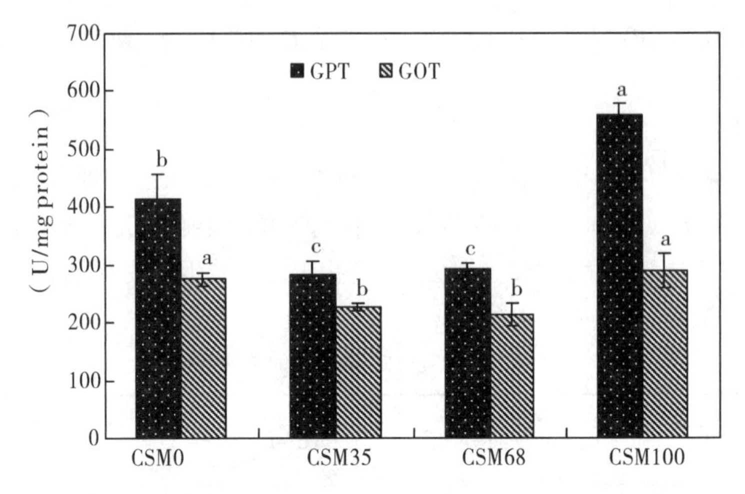

图 5.13　棉粕替代豆粕对草鱼 GPT 和 GOT 活性的影响

注：图中同一组数据柱形图上方标注不同的小写字母表示差异显著（$p<0.05$），标注相同的小写字母表示差异不显著（$p>0.05$）。

5.2.2.2　草鱼 PPARα、β、γ 用于荧光定量 PCR 的序列片段克隆

所筛选的用于荧光定量 PCR 的 PPARα、β、γ 序列片段分别 150bp、188bp 与 220bp，大小与预期结果一致，且分别与已克隆的草鱼 PPARα、β、γ cDNA 序列 100% 同源，可用荧光定量 PCR 分析。

5.2.2.3　棉粕替代豆粕对草鱼肝脏 PPARα、β、γ 基因表达的影响

PPARα、β、γ 基因荧光定量 PCR 的标准曲线（A）、熔解曲线（B）和定量扩增曲线（C）分别如图 5.14 至图 5.16 所示。由图 5.14 至图 5.16 可见，PPARα、β、γ 基因的荧光定量 PCR 没有非特异扩增。

棉粕替代豆粕对草鱼肝脏 PPARα、β、γ 基因表达的影响如图 5.17 所示。由图 5.17 可见，棉粕替代豆粕对草鱼肝脏 PPARα、β、γ 的影响有差异。当棉粕替代豆粕从 35% 提高到 100% 时，草鱼肝脏 PPARα mRNA 表达丰度显著提高（$p<0.05$），但 CSM100 组与对照组差异不显著（$p>0.05$）。棉粕替代豆粕对草鱼肝脏 PPARβ mRNA 表达丰度的影响有一定的波动，当棉粕完全替代豆粕时，PPARβ mRNA 的表达丰度显著高于其他组包括对照组（$p<0.05$）。当棉粕部分替代豆粕（35% 或 68%）时，草鱼肝脏 PPARγ mRNA 表达丰度与对照组没有显著差异，当棉粕完全替代豆粕时，PPARγ mRNA 丰度显著高于对照组（$p<0.05$）。

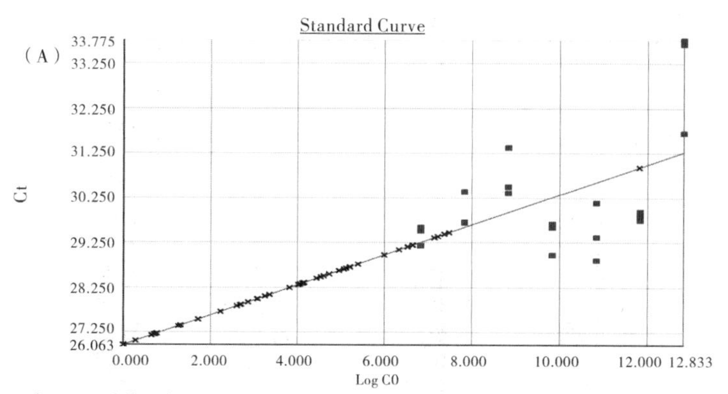

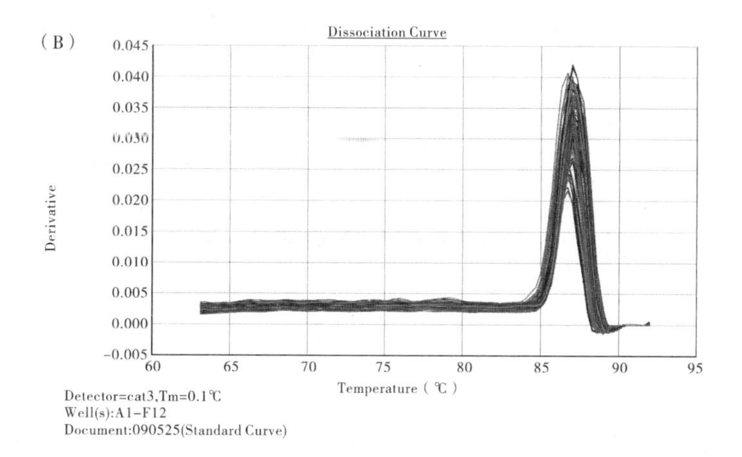

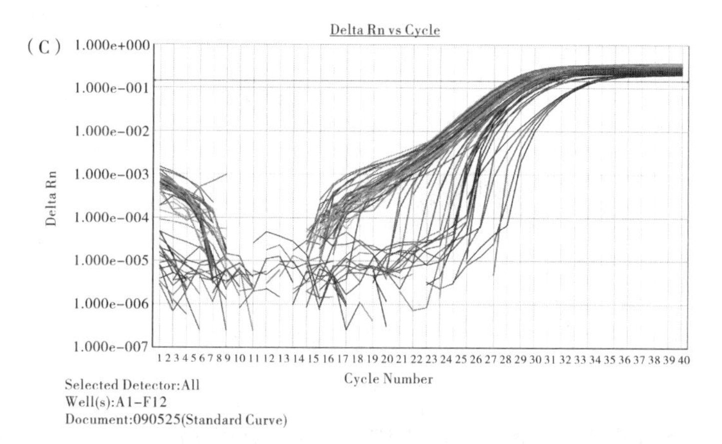

图5.14 PPARα 基因荧光定量PCR的标准曲线（A）、熔解曲线（B）和定量扩增曲线（C）

注：图（A）中“Standard Curve”表示“标准曲线”；图（B）中“Dissociation Curve”表示“熔解曲线”；图（C）“Delta Rn vs Cycle”表示“定量扩增曲线”。

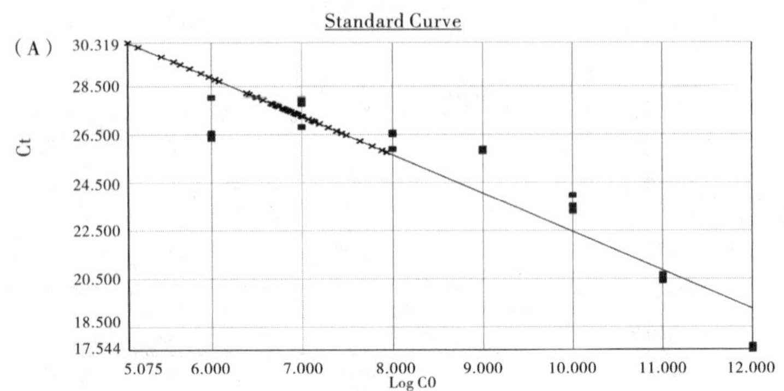

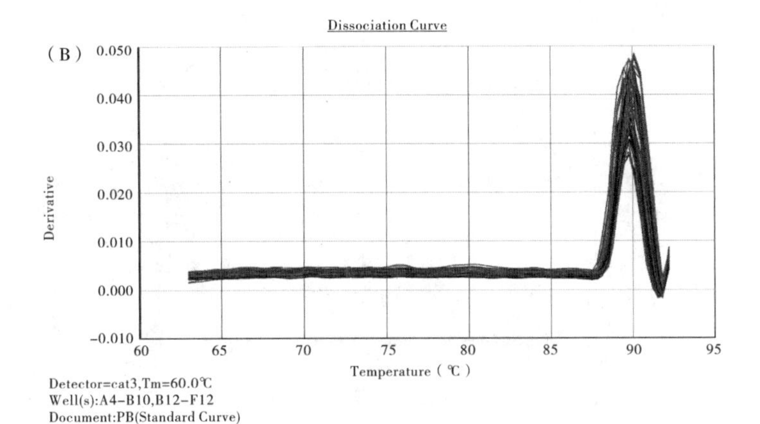

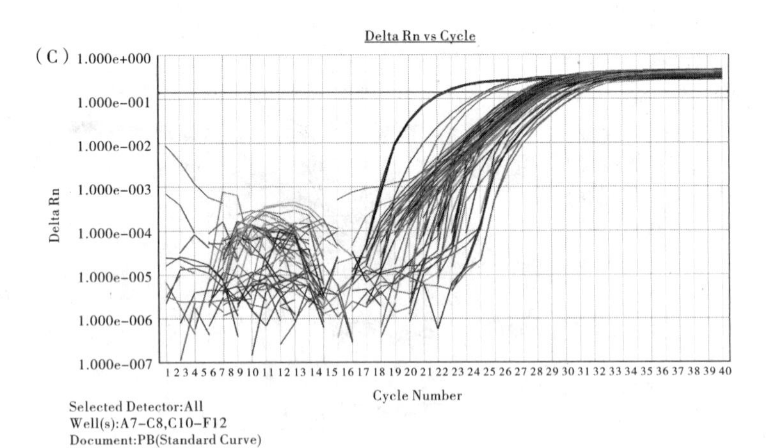

图 5.15　PPARβ 基因荧光定量 PCR 的标准曲线（A）、熔解曲线（B）和定量扩增曲线（C）

注：图（A）中“Standard Curve”表示“标准曲线”；图（B）中“Dissociation Curve”表示“熔解曲线”；图（C）“Delta Rn vs Cycle”表示“定量扩增曲线”。

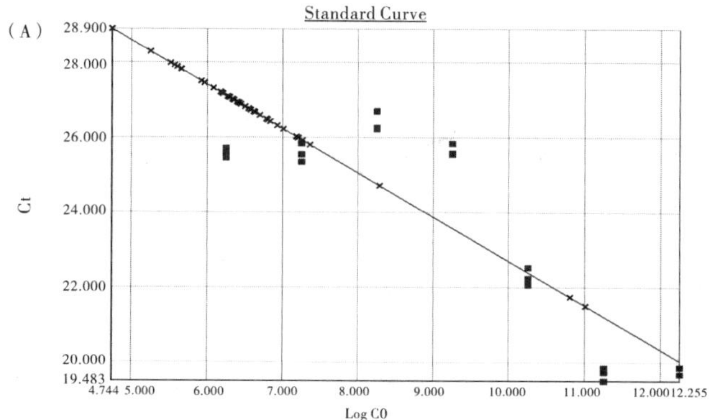

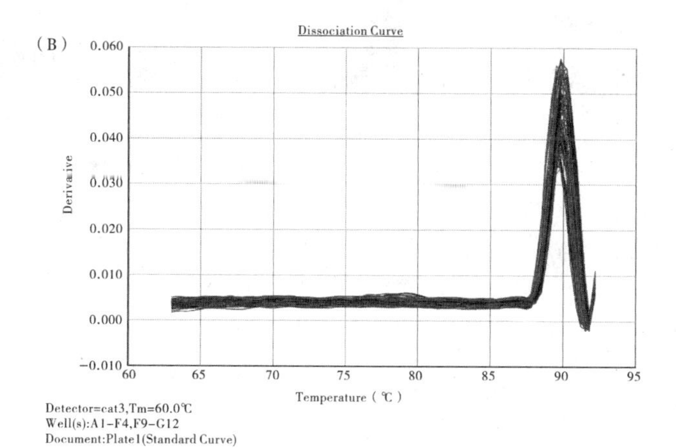

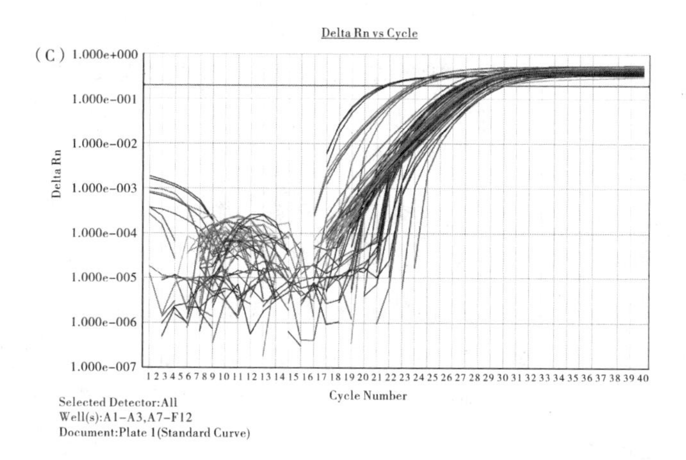

图5.16　PPARγ 基因荧光定量 PCR 的标准曲线（A）、熔解曲线（B）和定量扩增曲线（C）

注：图（A）中“Standard Curve”表示“标准曲线”；图（B）中“Dissociation Curve”表示“熔解曲线”；图（C）“Delta Rn vs Cycle”表示“定量扩增曲线”。

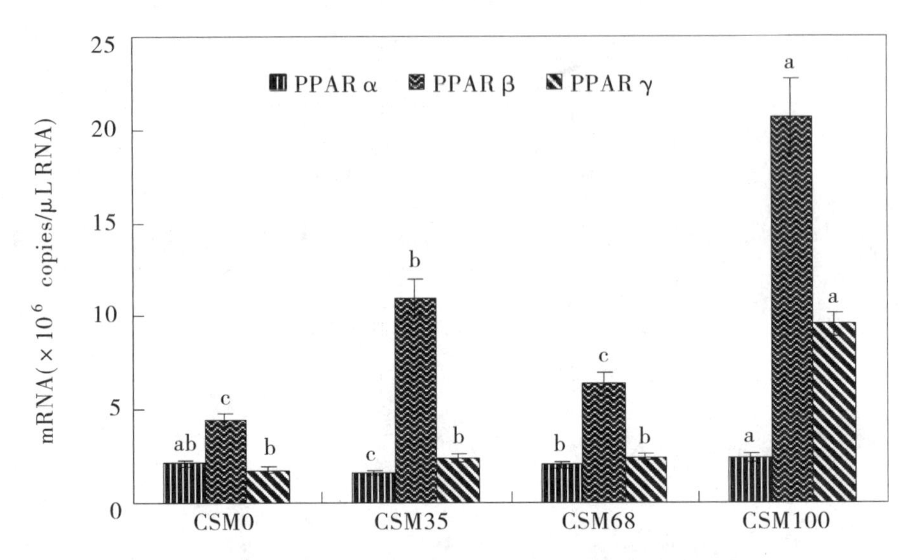

图 5.17 棉粕替代豆粕对草鱼 PPARs 基因表达的影响

注：图中同一组数据柱形图上方标注不同的小写字母表示差异显著（$p<0.05$），标注相同的小写字母表示差异不显著（$p>0.05$）。

5.2.3 讨论

5.2.3.1 不同棉粕水平对草鱼 GPT 和 GOT 活性的影响

肝脏是氨基酸代谢的主要场所，肝细胞含有丰富的参与氨基酸代谢的酶类，能催化氨基酸的转氨基、脱氨基、脱羧基以及个别氨基酸特异的代谢过程，合成一些非必需氨基酸和含氮化合物。在肝细胞转氨酶中，以 GPT 和 GOT 活性最强、分布最广，在动物机体蛋白质代谢中起重要作用（潘鲁青、吴众望，2005）。GPT 和 GOT 是检验肝细胞受损和鱼体免疫力的重要指标，可借以评价药物的毒副作用。叶元土等（2005）以 57% 的豆粕组成蛋白质含量为 30% 的配合饲料投喂草鱼，结果表明，豆粕组草鱼血清的 GPT、GOT 活性显著高于其他各组，显示肝胰脏可能受到一定程度的影响，而其他各组与鱼粉组结果无显著差异。卢敬让等（1989）的研究结果表明，中华绒螯蟹血清 GPT 活性随镉浓度增加而增强。郑永华、蒲富永（1997）研究了外源汞对鲤鱼、鲫鱼几种组织转氨酶活性的变化规律，发现底泥受汞污染后，鲤鱼、鲫鱼肝、鳃组织 GPT 和 GOT 活性下降，以肝胰脏最明显，血清转氨酶活性则相反，随着汞浓度的递增而呈极显著升高。游离棉酚作为一种毒物，可使多种动物出现肝功能异常，出现 GPT 和 GOT 活性升高等副反应（袁继安、刘东军，2005）。GPT、GOT 活性越高表明肝胰脏受损伤越严重。该试验结果表明，CSM100 组的 GOT 与 GPT 的活性均显著高于其他组，这两种酶活性的提高，可以增强肝脏的解毒功能，从而呈现一种保护性适应。同时也表明棉粕完全替代豆粕对草鱼肝胰脏造成明显的损伤，这与林仕梅等（2007）的研究结果一致。可见，GPT 和 GOT 的变化趋势表明饲料中棉粕替代豆粕比例达100%时对草鱼的防御能力产生明显不利的影响，是不安全的。

5.2.3.2　棉粕替代豆粕对草鱼 PPARα、β、γ 基因表达的影响

1. 棉粕替代豆粕对草鱼 PPARα 基因表达的影响

Leaver 等（2005）认为，营养状况显著影响鱼 PPARs 在肝脏的表达。研究表明，PPARα 的活化能抑制与炎症反应相关基因的转录，从而抑制炎症反应的发生和发展。PPARα 可以在细胞水平与 NF－κB 相互作用，通过抑制 NF－κB 亚单位 RelA/p65 的转录活性，抑制 NF－κB 的信号转导，调控炎症因子的表达，从而抑制局部的炎症反应（Neuschwander-Tetri and Caldwell，2003）。Chittur 和 Farrell（2001）认为 PPARα 的持续活化在增强脂肪酸氧化能力的同时，也可以产生大量的过氧化氢（H_2O_2）以及活性氧簇，在单纯性脂肪肝的基础上发生脂质过氧化，促进脂肪性肝炎的形成和发展。

该试验结果表明，当棉粕替代豆粕的量从 35% 提高到 100% 时，草鱼肝脏 PPARα mRNA 表达丰度显著提高（$p<0.05$），但 CSM100 组与对照组差异不显著（$p>0.05$）。可见，无棉粕组（CSM0）或无豆粕组（CSM100）的 PPARα mRNA 表达丰度高于棉粕部分替代豆粕组（CSM35 和 CSM68）。该试验结果与 Chittur 和 Farrell（2001）的研究结果一致，推测无棉粕组（CSM0）或无豆粕组（CSM100）的 PPARα mRNA 表达水平高，是由于该两组肝脏有较明显的炎症所诱导（见 2.2.5 的肝组织病理切片），抑制肝脏炎症进一步发展。但是，PPARα 的持续活化在增强脂肪酸氧化能力的同时，也可以产生大量的过氧化氢（H_2O_2）以及活性氧簇，从而提高了抗氧化酶包括 SOD、CAT、GSH－Px 基因表达，同时发生脂质过氧化，MDA 含量增加，促进脂肪性肝炎的形成和发展。

但也有不一致的研究结果。有研究者认为 PPARα 的缺乏或表达受抑，可引起一系列与肝内脂肪酸代谢有关的蛋白质、酶基因的转录水平降低，使脂

肪酸在肝脏的氧化减少，脂蛋白合成代谢障碍，肝细胞内出现脂肪沉积及炎症反应。孙龙等（2007）研究了大鼠酒精性肝损伤中 PPARα mRNA 表达与氧化应激的关系，结果表明，与对照组比较，各试验组大鼠 PPARα 的表达受抑制，随造模时间延长，其表达水平呈进行性降低，特别是在第 12、16 周时更为明显（$p<0.01$），血清 FFA 水平、肝组织中 MDA 含量明显增加，随造模时间延长更为明显；PPARα mRNA 表达与血清 FFA 水平、肝组织中 MDA 含量之间呈负相关（$p<0.05$），与肝组织中 SOD 活性呈正相关（$p<0.05$），表明 PPARα 表达与氧化应激关系密切，在酒精性肝损伤进程中具有重要作用。

2. 棉粕替代豆粕对草鱼 PPARβ 基因表达的影响

PPARβ 在体内广泛分布，参与调节体内多种与代谢和炎症相关疾病的病理生理过程。PPARβ 活性改变在多种组织的炎症发生过程中起着重要作用，同时还可以减轻肥胖、调节血脂紊乱及改善胰岛素抵抗等（赵攀等，2009）。Rodrġuez-Calvo 等（2008）的研究表明，脂肪细胞中 PPARβ 激活后会抑制 ERK1/2 磷酸化途径，阻断 LPS 诱导的 NF－κB 激活，从而减少脂肪细胞中前炎症细胞因子的产生。Man 等（2008）在研究用 TPA 处理小鼠引发刺激性接触皮炎的模型中发现，与野生型疾病小鼠相比，PPARβ －/－小鼠对皮肤的炎症反应增加，且小鼠皮肤急性损伤后，与野生型疾病小鼠相比，PPARβ －/－小鼠出现通透性屏障修复障碍。该试验结果表明，棉粕替代豆粕对草鱼肝脏 PPARβ mRNA 表达丰度的影响有一定的波动，当棉粕完全替代豆粕时，PPARβ mRNA 的表达表达丰度显著高于其他组包括对照组（$p<0.05$）。推测由于 CSM100 组的草鱼肝脏具有明显的炎症，PPARβ mRNA 表达水平的上调有利于机体抵抗炎症细胞因子的产生，是对机体炎症反应的一种负反馈调节。

3. 棉粕替代豆粕对草鱼 PPARγ 基因表达的影响

PPARγ 活化脂肪细胞中与脂肪合成的有关酶，增加甘油三酯合成，脂肪细胞体积增大（Paul，2001）。脂肪细胞内脂肪过度堆积时，脂肪以游离脂肪酸（FFA）的形式由脂肪细胞向肝细胞等非脂肪细胞流动，导致脂肪异位沉积（Li et al.，2005）。PPARγ 基因可正向调节脂肪细胞的分化，促进脂肪合成及沉积，增强细胞摄取游离脂肪酸（Paul，2001；Laplante et al.，2006；Tanaka et al.，2003），因此容易肥大的器官如心、肝、脾、肺、肾等沉积过量脂肪。该试验结果表明，当棉粕部分替代豆粕（35% 或 68%）时，草鱼肝脏 PPARγ mRNA 表达丰度与对照组没有显著差异，但当棉粕完全替代豆粕时，PPARγ mRNA 表达丰度显著高于对照组（$p<0.05$）。推测 CSM100 组草鱼的 PPARγ 基因的过度表达，促进了脂肪合成及沉积，导致肝内脂肪异位沉积及代谢异常。关于棉粕是否会导致草鱼脂肪肝的形成有待进一步深入研究。

人和啮齿动物的 PPARγ 都具有抗炎特性，PPARγ 在激活的巨噬细胞中表达增加，并抑制 NO 合酶、与组织损伤有关的明胶酶－B、在细胞黏附及 LDL 氧化中起作用的自由基清除剂受体 A 的分泌（Ricote et al.，1998）。PPARγ 激活后能抑制单核细胞分泌 IL－1β、IL－6 和 TNF－α 等（Jiang et al.，1998），从而达到拮抗炎症反应的作用。Nakamuta 等（2005）用 NAFLD 患者的肝组织研究脂肪酸代谢相关基因表达，发现在肝细胞中的 PPARγ 活性明显增强，PPARγ 可通过对脂肪酸代谢相关基因调控，促使脂肪合成增加及线粒体内的 PPARβ 氧化等脂肪酸氧化下降，导致脂肪酸在肝细胞内积聚；同时，游离脂肪酸是 PPARs 的激活物，可以放大 PPARγ 活性，导致肝细胞脂肪积聚不断增加，最后损害肝细胞。肝脏持续慢性损伤，并发展成肝纤维化。王树海等（2004）比较了黄芪多糖和小檗碱对脂肪细胞糖代谢和细胞分化的影响，发现黄芪多糖能促进脂肪细胞葡萄糖摄取及细胞分化和 PPARγ mRNA 的表达，而小檗碱可促进葡萄糖摄取，但抑制脂肪细胞分化和 PPARγ 及 C/EBPα mRNA 的表达。PPARγ 有抗炎作用，在单核/巨噬细胞活化后 PPARγ 表达升高，从而抑制细胞对多种炎性刺激的反应（张乾勇，2 000）。鲁晓岚等（2008）研究 TNF－α、NF－κB、Leptin－Rb 及 PPARγ 在大鼠酒精性肝病中与肝组织炎症、坏死和纤维化的关系时发现，在正常肝细胞有一定量的 PPARγ 表达，在肝脂肪性明显及脂肪性肝炎形成时，TNF－α、NF－κB 尚未大量产生，PPARγ 的表达较强，特别是在炎症坏死的始动区域，小叶中心区表达最强。但随着 TNF－α、NF－κB 的表达不断增强，肝细胞炎症反应不断增加，PPARγ 的表达即开始减弱。据此推测 PPARγ 在炎症早期升高，可能具有一定的抗炎作用，PPARγ表达较强；肝损伤中后期，损伤程度逐渐加重，PPARγ 表达逐渐减弱；在肝损伤过程中，PPARγ 表达呈先强后弱的趋势。该试验结果表明，当棉粕部分替代豆粕（35% 或 68%）时，草鱼肝脏 PPARγ mRNA 表达丰度与对照组没有显著差异，推测棉粕部分替代豆粕没有引起肝组织明显的炎症反应。但当棉粕完全替代豆粕时，PPARγ mRNA 表达丰度显著高于对照组（$p<0.05$），推测棉粕完全替代豆粕时，肝组织出现明显的炎症，但处于炎症的早期，与鲁晓岚等（2008）的研究结果一致。

5.2.4 小结

当棉粕替代35%或68%豆粕时，草鱼肝胰脏GPT和GOT活性显著低于对照组，但当棉粕完全替代豆粕时，草鱼肝胰脏GPT活性显著高于对照组。可见，饲料中棉粕含量过高造成鱼的肝组织损伤，从而导致GPT活性增强。但当棉粕完全替代豆粕时，PPARα、β与γ的mRNA表达丰度显著高于对照组（$p<0.05$），推测饲料中棉粕含量过高，导致肝组织出现明显的病理变化，处于炎症的早期。

结　语

目前，关于水产动物饲料中植物蛋白源利用的研究报道，主要集中于不同替代水平对水产动物生长性能及体组成的影响方面，而关于植物蛋白源对水产动物生理机能的研究仍较少，且没有深入至分子水平。该试验研究了棉粕替代豆粕对草鱼生长、消化、病理免疫等生理指标及相关基因表达有影响，较全面地评价棉粕在草鱼饲料中应用的安全性，认为棉粕可替代35%的豆粕不影响草鱼幼鱼的生理机能，较全面阐述了草鱼对棉粕利用的营养学途径。

当棉粕替代35%豆粕时，不影响草鱼的生长性能。但随着饲料中棉粕替代豆粕的比例增加，草鱼的生长性能和PER显著降低，而FCR显著提高。表明草鱼幼鱼饲料中可应用35%的棉粕替代豆粕而不影响其生长及鱼体常规成分，但过高的替代水平会抑制其生长并出现贫血。草鱼能通过解毒作用排除一定量的游离棉酚，但当棉粕含量达48.94%时，游离棉酚在肝胰脏中蓄积。切片观察表明，饲料中棉粕替代豆粕的水平对草鱼的肝胰脏、肾脏、肠道、脾脏、心脏都有影响，且随着棉粕水平的提高，组织病变更加明显，其中对肝胰脏、肾脏及肠道组织影响比较明显，而对脾脏与心脏的影响稍小。

为了研究草鱼的消化、抗氧化及炎症病理相关指标，该试验首次获得草鱼α-AMY、GSH-Px、SOD、PPARγ等基因的cDNA全长序列，为研究其表达调控的分子机制奠定基础。饲料中棉粕替代豆粕不影响草鱼肝胰脏消化酶的合成与活性，但影响肠道消化酶的活性，推测由于饲料成分的改变将进一步影响草鱼对饲料中营养的消化与吸收。饲料中棉粕水平还会进一步影响草鱼的抗氧化酶活性及其基因表达。当棉粕替代豆粕比例从35%提高到100%时，CAT、SOD与GSH-Px的酶活性显著提高，且CAT与GSH-Px的mRNA转录水平与其酶活性变化一致，推测当饲料中所含单一植物蛋白（棉粕或豆粕）比例过高时，MDA的含量均显著提高，导致鱼机体处于氧化应激状态。当棉粕完全替代豆粕时，草鱼肝胰脏GPT活性显著高于对照组。可见，饲料中棉粕含量过高造成鱼的肝组织损伤，从而导致GPT活性增强。同时，

CSM100 组 PPARα、β 与 γ 的 mRNA 表达丰度显著高于对照组（$p<0.05$），推测饲料中棉粕含量过高，导致肝组织出现明显的病理变化，但处于炎症的早期。

该项目的研究密切联系我国水产养殖的生产实际，对生产中存在的实际问题进行研究、探讨，为有效解决棉粕在水产饲料中应用的瓶颈问题提供科学的理论依据。该研究成果一方面为草鱼的人工配合饲料的研制与生产提供了依据，降低饲料成本，促进草鱼产业化发展，提高养殖效益；另一方面有利于合理利用棉粕，促进草鱼生长，并为大力开发利用棉粕作为重要植物蛋白源提供理论依据。因此，本书具有重要的现实意义和生产实践价值。

参考文献

一、中文文献

［1］艾庆辉，谢小军．水生动物对植物蛋白源利用的研究进展［J］．中国海洋大学学报（自然科学版），2005，35（6）：929－935．

［2］敖维平，曲明悦．棉酚快速测定适宜条件的筛选［J］．畜牧兽医杂志，2007，26（6）：33－35．

［3］陈春娜．鱼类淀粉酶的研究进展［J］．中国饲料，2008（5）：33－35．

［4］陈永熙，王伟铭，周同，等．PPAR－γ 作用及其相关信号转导途径［J］．细胞生物学杂志，2006（28）：382－386．

［5］陈友俭．水产饲料蛋白源的研究现状［J］．福建农业科技，2011（3）：87－89．

［6］崔光红，陈家春，蔡大勇．高效液相色谱法测定棉根皮中棉酚含量［J］．中国中药杂志，2002，27（3）：173－175．

［7］丁名馨．棉子蛋白质资源利用与棉花无腺体遗传育种研究的进展［J］．湖北农业科学，1981（8）：36－40．

［8］方玲玲，陈刚，王忠良，等．卵形鲳鲹 PPARα 基因 cDNA 序列的克隆、组织表达及生物信息学分析［J］．广东海洋大学学报，2015，35（4）：1－9．

［9］范艳波，汪南平．PPAR－δ 在动脉粥样硬化中的作用［J］．生理科学进展，2008，39（3）：251－254．

［10］富惠光，卢彤岩，叶继丹，等．棉酚对罗非鱼、鲤和金鱼血钾及肝肾器官的影响［J］．水产学报，1995，19（2）：180－183．

［11］高立海，曲悦，梁海平．水产饲料中棉籽饼粕替代鱼粉的研究进展［J］．水利渔业，2004，24（4）：66－67．

[12] 高振华，李世杰. 棉籽饼（粕）在饲料中的应用及饲喂安全性[J]. 河北畜牧兽医，1997，3（2）：102－104.

[13] 侯红利. 棉粕替代豆粕对鲤安全性评价[D]. 武汉：华中农业大学，2006.

[14] 侯红利，罗宇良. 棉酚毒性研究的回顾[J]. 水利渔业，2005，25（6）：100－102.

[15] 惠斯特勒 R L，贝密勒 J N，帕斯卡尔 E F. 淀粉的化学与工艺学[M]. 王雒文，闵大铨，杨家顺，等译. 北京：中国食品出版社，1988：95－101.

[16] 何珊，梁旭方，廖婉琴，等. 鲢鱼、鳙鱼、草鱼谷胱甘肽过氧化物酶 cDNA 的克隆及肝组织表达[J]. 动物学杂志，2007，42（3）：40－47.

[17] 黄耀桐，刘永坚. 草鱼肠道、肝胰脏蛋白酶活性初步研究[J]. 水生生物学报，1988，12（4）：328－333.

[18] 姜光明，蔡春芳，钱彩源，等. 醋酸棉酚对异育银鲫生长、生理及组织结构的影响[J]. 饲料研究，2009（12）：61－65.

[19] 贾成霞，张照斌，张清靖，等. 虹鳟 PPARα 基因克隆、序列分析及其组织表达分布[J]. 中国水产科学，2012，19（4）：707－714.

[20] 蒋明，仲维玮，田娟，等. 不同脱毒棉粕对尼罗罗非鱼幼鱼生长性能和生理代谢的影响[J]. 西北农林科技大学学报（自然科学版），2011，39（6）：37－43.

[21] 乔晓艳，蔡国林，陆健. 微生物发酵改善棉粕饲用品质的研究[J]. 中国油脂，2013（5）：30－34.

[22] 吉红. 鱼用植物性蛋白饲料的抗营养因子[J]. 水利渔业，1999，19（4）：22－24.

[23] 姜鹏，王建春，钱桂生. 过氧化物酶增殖体激活受体与炎症及免疫反应[J]. 生命的化学，2005，25（3）：232－235.

[24] 金文君. 过氧化物酶体增殖物激活受体与脂肪性肝病的关系[J]. 实验与检验医学，2008，26（1）：65－66.

[25] 冷青文，王晓宇. 猪棉子饼中毒[J]. 中国兽医杂志，1999（5）：42.

[26] 林国发. 2015 年我国饲料、养殖、原料供需最新分析报告[J].

广东饲料，2015（6）：12－13.

［27］林仕梅，麦康森，谭北平．菜粕、棉粕替代豆粕对奥尼罗非鱼（*Oreochromis niloticus* × *O. aureus*）生长、体组成和免疫力的影响［J］．海洋与湖沼，2007，38（2）：168－173.

［28］林仕梅．奥尼罗非鱼对植物蛋白源利用及提高利用率途径的研究［D］．青岛：中国海洋大学，2008.

［29］刘冰，梁婵娟．生物过氧化氢酶研究进展［J］．中国农学通报，2005，21（5）：223－224，232.

［30］刘襄河，叶继丹，王子甲，等．饲料中豆粕替代鱼粉比例对牙鲆生长性能及生化指标的影响［J］．水产学报，2010，34（3）：450－458.

［31］刘文斌，王恬．棉粕蛋白酶解物对异育银鲫（*Carassius auratus gibelio*）消化、生长和胰蛋白酶 mRNA 表达量的影响［J］．海洋与湖沼，2006，37（6）：568－574.

［32］李杰，阎伟．炎症因子与血管损伤的相关性研究进展［J］．实用医药杂志，2009，26（11）：78－80.

［33］李海，饶丽娟，贾桂珍，等．棉酚对家兔部分脏器组织结构的影响［J］．中国饲料，2002（17）：17－18.

［34］李瑾，张世萍，唐勇，等．不同饵料对幼鳝消化系统内淀粉酶活性的影响［J］．饲料工业，2002（12）：48－50.

［35］李金秋，林建斌，朱庆国，等．不同能量蛋白比饲料对牙鲆体内消化酶活性的影响［J］．集美大学学报（自然科学版），2005，10（4）：296－299.

［36］李荥娟，任利群．PPARs 与动脉粥样硬化关系的研究进展［J］．医学综述，2006，12（17）：1037－1039.

［37］李铁军，黄瑞林，钟华宜，等．棉蛋白用作猪饲料的营养价值评定［J］．饲料工业杂志，1995，16（5）：18－20.

［38］李艳玲，李松彪，王毓蓬．棉籽蛋白的开发利用［J］．中国棉花加工，2005（3）：22－23.

［39］廖芳，李关荣，鲁成．家蚕淀粉酶研究进展［J］．蚕学通讯，2002，22（3）：30－35.

［40］凌吉春，吴畏．脱酚棉仁蛋白代替豆粕养猪试验报告［J］．饲料工业杂志，1996，17（10）：23.

[41] 兰婷妹，潘杰. 棉籽饼对种鸡生产性能影响的饲养试验 [J]. 广东畜牧兽医科技，2007，32 (4)：19 - 20.

[42] 刘修英，王岩，王建华. 利用豆粕、菜粕和棉粕替代饲料中鱼粉对苏氏圆腹（鱼芒）摄食、生长和饲料利用的影响 [J]. 水产学报，2009，33 (3)：479 - 487.

[43] 刘兴旺. 水产动物营养与饲料学研究热点与趋势 [J]. 齐鲁渔业，2009，26 (4)：48 - 50.

[44] 刘志祥. 棉籽产品在畜禽饲料中的应用 [J]. 畜禽业，2000 (11)：39.

[45] 吕忠进. 棉籽饼在鱼虾配合饲料中的应用 [J]. 水产养殖，1993 (1)：24 - 26.

[46] 卢敬让，赖伟，堵南山. 镉对中华绒螯蟹肝 R - 细胞亚显微结构及血清谷丙转氨酶（SGPT）活力的影响 [J]. 中国海洋大学学报（自然科学版），1989，19 (A2)：61 - 68.

[47] 鲁晓岚，罗金燕，王文勇，等. TNFα、Leptin - Rb、NF - κB 和 PPAR - γ在酒精性肝病大鼠肝细胞中的表达 [J]. 西安交通大学学报（医学版），2008，29 (5)：508 - 512.

[48] 孟和，李辉，王宇祥. 鹅 PPAR 基因全长 cDNA 的克隆和序列分析 [J]. 遗传，2004，26 (4)：469 - 472.

[49] 倪寿文，桂远明，刘焕亮. 草鱼、鲤、鲢、鳙和尼罗非鲫脂肪酶活性的比较研究 [J]. 大连水产学院学报，1990，5 (C1)：19 - 25.

[50] 潘鲁青，吴众望，张红霞. 重金属离子对凡纳滨对虾组织转氨酶活力的影响 [J]. 中国海洋大学学报，2005，35 (2)：195 - 198.

[51] 钱曦，王桂芹，周洪琪，等. 饲料蛋白水平及豆粕替代鱼粉比例对翘嘴红鲌消化酶活性的影响 [J]. 动物营养学报，2007，19 (2)：182 - 187.

[52] 秦金胜，禚梅，许衡，等. 发酵棉粕和普通棉粕替代豆粕对猪生长性能的影响 [J]. 新疆农业大学学报，2010，33 (6)：496 - 501.

[53] 任维美. 罗非鱼饲料中棉籽饼的适宜用量 [J]. 饲料研究，2002 (11)：27.

[54] 孙龙，迟宝荣，张填，等. 过氧化物酶体增殖物激活受体 - α 与肝脏疾病的关系 [J]. 新医学杂志，2007，38 (2)：127 - 129.

[55] 孙盛明，叶金云，陈建明，等. 配合饲料中豆粕、菜粕替代鱼粉对青鱼消化酶活力和表观消化率的影响 [J]. 浙江海洋学院学报（自然科学版），2008，27（4）：395-400.

[56] 谭清华. 饲料中危害因素的分析 [J]. 饲料研究，2005（6）：10-12.

[57] 田丽霞，林鼎. 草鱼摄食两种蛋白质饲料后消化酶活性变动比较 [J]. 水生生物学报，1993，17（1）：58-65.

[58] 万发春，于宁先，吴乃科，等. 棉酚对成年乳牛泌乳性能的影响 [J]. 中国畜牧杂志，2003，39（4）：22-23.

[59] 王崇，雷武，解绶启，等. 饲料中豆粕替代鱼粉蛋白对异育银鲫生长、代谢及免疫功能的影响 [J]. 水生生物学报，2009，33（4）：740-747.

[60] 王利，汪开毓. 动物棉酚中毒的研究进展 [J]. 畜禽业，2002（5）：26-28.

[61] 王金梅. 日粮添加全棉籽对4~6月龄肉羊生产性能、肉品质及血液指标的影响 [D]. 河北：河北农业大学，2007.

[62] 王纪亭，万文菊，计成，等. 非淀粉多糖酶对罗非鱼肝胰脏淀粉酶活性和基因表达的影响 [J]. 水生生物学报，2009，33（4）：772-777.

[63] 王安平，吕云峰，张军民，等. 我国棉粕和棉籽蛋白营养成分和棉酚含量调研 [J]. 华北农学报，2010，25（A1）：301-304.

[64] 王树海，王文健，汪雪峰. 黄芪多糖和小檗碱对3T3-L1脂肪细胞糖代谢及细胞分化的影响 [J]. 中国中西医结合杂志，2004，24（10）：926-928.

[65] 王重刚，陈品健，顾勇. 不同饵料对真鲷稚鱼消化酶活性的影响 [J]. 海洋学报，1998，20（4）：103-106.

[66] 吴立新. 畜禽棉籽饼中毒的防治 [J]. 畜禽业，2004（5）：46.

[67] 尾崎久雄. 鱼类消化生理 [M]. 李爱杰，沈宗武，译. 上海：上海科学技术出版社，1983.

[68] 徐静，王建春. PPAR-γ对脓毒症炎症机制的研究进展 [J]. 医学理论与实践，2009，22（4）：402-404.

[69] 徐岩，袁春涛，刁新平. 棉粕代替豆粕对蛋种鸡生产性能影响的研究 [J]. 饲料博览，2003，15（7）：3-9.

[70] 萧培珍，叶元土，张宝彤，等. 棉籽粕的营养价值及其在水产饲料上的应用 [J]. 饲料工业杂志，2009，30 (18)：49 -51.

[71] 薛敏，郭亚民，黎春晖. 植物性替代蛋白源在鱼类饲料中的利用 [J]. 饲料广角，2002 (5)：13 -14.

[72] 严全根，朱晓鸣，杨云霞，等. 饲料中棉粕替代鱼粉蛋白对草鱼的生长、血液生理指标和鱼体组成的影响 [J]. 水生生物学报，2014 (2)：362 -369.

[73] 袁继安，刘东军. 猪棉酚中毒的诊断和预防措施 [J]. 中国畜牧兽医杂志，2005，32 (5)：54 -55.

[74] 杨彬彬，华颖，肖金星. 棉粕替代部分鱼粉对黑鲷幼鱼消化酶活性及肠道组织结构的影响 [J]. 扬州大学学报 (农业与生命科学版)，2015 (4)：45 -51.

[75] 杨代勤，严安生，陈芳，等. 不同饲料对黄鳝消化酶活性的影响 [J]. 水产学报，2003，27 (6)：558 -563.

[76] 杨奇慧，周歧存，郑海娟，等. 不同饲料对军曹鱼组织消化酶活力的影响 [J]. 水产科学，2008，27 (12)：633 -636.

[77] 叶元土，蔡春芳，蒋蓉，等. 鱼粉、豆粕、菜粕、棉粕、花生粕对草鱼生长和生理机能的影响 [J]. 饲料工业杂志，2005，26 (12)：17 -21.

[78] 乐贻荣. 杂交罗非鱼 (*Oreochromis niloticus* × *O. aureus*) 对动植物蛋白源的利用研究 [D]. 湛江：广东海洋大学，2008.

[79] 袁继安，刘东军. 猪棉酚中毒的诊断和预防措施 [J]. 中国畜牧兽医杂志，2005，32 (5)：54 -55.

[80] 曾虹，任泽林，郭庆，等. 棉酚在鲤鱼 (*Cyprinus oarpiou*) 肝脏中的蓄排规律及其对鲤鱼生长的影响 [M] //李爱杰. 中国水产学会水产动物营养与饲料研究会论文集. 北京：海洋出版社，1998.

[81] 张力莉，徐晓锋. 微生物发酵对棉粕棉酚脱毒及营养价值影响的研究动态 [J]. 饲料与畜牧，2015 (4)：23 -26.

[82] 张克烽，张子平，陈芸，等. 动物抗氧化系统中主要抗氧化酶基因的研究进展 [J]. 动物学杂志，2007，42 (2)：153 -160.

[83] 张闻，罗勤慧. 锰过氧化氢酶及其模型物研究进展 [J]. 化学通报，2000 (10)：4 -7.

［84］郑永华，蒲富永．汞对鲤鲫鱼组织转氨酶活性的影响［J］．西南农业大学学报，1997，19（1）：41－44．

［85］仲维玮．植物性替代蛋白源在罗非鱼饲料中的研究与利用［D］．武汉：华中农业大学，2010．

［86］卓立应．饲料蛋白能量比对黑鲷幼鱼生长和体组成的影响［D］．杭州：浙江大学，2006．

［87］赵攀，张晓燕，杨吉春，等．PPARβ/δ 在炎症中的作用［J］．中国药理学通报，2009，25（9）：1124－1127．

［88］周凡，邵庆均．不同蛋白源替代鱼粉的研究进展［J］．饲料研究，2007（6）：9－11．

［89］周培校，赵飞，潘晓亮，等．棉粕和棉籽壳饲用的研究进展［J］．畜禽业，2009（8）：52－55．

［90］周歧存，麦康森，刘永坚，谭北平．动植物蛋白源替代鱼粉研究进展［J］．水产学报，2005，29（3）：404－410．

［91］邹师哲，王义强，张家国．饲料中蛋白质、脂肪、碳水化合物对鲤消化酶的影响［J］．上海水产大学学报，1998，7（1）：69－74．

［92］赵顺红，张文举．棉籽饼粕生物脱毒的研究进展［J］．畜牧与饲料科学，2007，28（1）：54－56．

［93］2016 年中国鱼粉产量、库存、消费量及价格走势分析［EB/OL］．(2016－09－23)．http：//www. chyxx. com/industry/201609/451401. html.

［94］2016 年全球人均海产品消费量每年增至 20.5 公斤［EB/OL］．(2016－12－22)．http：//www. shuichan. cc/news_ view－307128. html.

二、英文文献

［1］AMO T，ATOMI H，LMANKA T. Biochemical properties an deregulated gene expression of the superoxide dismutase from the faeultatively aerobic hyperthermophile *Pyrobaculum calidifotis*［J］. Journal bacteriology，2003（185）：6340－6347.

［2］ARTHONTAKI K，ELIOPOULOS E，GOULIELMOS G et al. Functional constraints of the Cu，Zn superoxide dismutase in species of the *Drosophila melanogaster* subgroup and phylogenetic analysis［J］. Journal of molecular evolution，

2002, 55 (6): 745 - 756.

[3] ARTHUR J R. The glutathione peroxidases [J]. Cell. molecular. life. science., 2000 (57): 1825 - 1835.

[4] BARROS M M, LIM C, KLESIUS P H. Effect of soybean meal replacement by cottonseed meal and iron supplementation on growth, immune response and resistance of Channel Catfish (*Ictalurus puctatus*) to *Edward siellaictaluri* challenge [J]. Aquaculture, 2002 (207): 263 - 279.

[5] BAUTISTA - TERUEL M N, FERMIN A C, KOSHIO S S. Diet development and evaluation for juvenile abalone, *Haliotis asinina*: animal and plant protein sources [J]. Aquaculture, 2003 (219): 645 - 653.

[6] BICKFORD W G, PACK F C, CASTILLON L E et al. The antioxidant and antipolymerization properties of gossypol dianilinogossypol, and related materials [J]. Journal of the american oil chemists' society, 1954 (31): 91 - 92.

[7] BLACKWELDER J T, HOPKINS B A, DIAZ D E et al. Milk production and plasma gossypol of cows fed cottonseed and oil seedmeals with or without rumen-undegradable protein [J]. Journal of dairy science, 1998 (81): 2934 - 2941.

[8] BLOM J H, LEE K J, RINCHARD J et al. Reproductive efficiency and maternal-offspring transfer of gossypol in Rainbow Trout (*Oncorhynchus mykiss*) fed diets containing cottonseed meal [J]. Journal of animal science, 2001 (79): 1533 - 1539.

[9] BURRELLS C, WILLIAMS P D, SOUTHGATE P J et al. Immunological, physiological and pathological responses of rainbow trout (*Oncorhynchus mykiss*) to increasing dietary concentrations of soybean proteins [J]. Veterinary immunology and immunopathology, 1999 (72): 277 - 288.

[10] BUETLER T M, KRAUSKOPF A, RUEGG U T. Role of superoxide as a signaling molecule [J]. News physiology science, 2004 (19): 120 - 123.

[11] CHENG W, TUNG Y H, CHIOU T T et al. Cloning and characterisation of mitochondrial manganese superoxide dismutase (mtMnSOD) from the giant freshwater prawn *Macrobrachium rosenbergii* [J]. Fish shellfish immunology, 2006, 21 (4): 453 - 466.

[12] CHENG Z J, HARDY R W. Apparent digestibility coefficients and nutritional value of cottonseed meal for rainbow trout (*Oncorhynchus mykiss*) [J]. Aquaculture, 2002 (212): 361 – 372.

[13] CHIKWEM J O. Effect of dietary cyclopropene fatty acids on the amino acid uptake of the rainbow trout (*Salmo gairdnero*) [J]. Cytobios, 1987, 49 (196): 17 – 21.

[14] CHITTUR I S, FARRELL G C. Etiopathogenesis of nonalcoholic steatohepatitis [J]. Seminars in liver disease, 2001, 21 (1) : 27 – 41.

[15] DABROWSKI K, LEE K J, RINCHARD J et al. Gossypol isomers bind specially to blood plasma proteins and spermatozoa of rainbow trout fed diets containing cottonseed meal [J]. Biochimica et biophysica acta, 2001(1525): 37 – 42.

[16] DELERIVE P, GERVILS P, FRUCHART J C et al. Induction of Ikappa B – alpha expression as a mechanism contributing to the anti – inflammatory activities of peroxisome proliferator – activated receptor – alpha activators [J]. Journal of biology chemistry, 2000, 275 (47): 36703 – 36707.

[17] DORSA W J, ROBINETTE H R, ROBINSON E H et al. Effects of dietary cottonseed meal and gossypol on growth of young channel catfish [J]. Transactions of the American fisheries society, 1982 (111): 651 – 655.

[18] DUBUQUOY L, BOURDON C, PEUCHMAUR M et al. Peroxisome proliferator activated receptor (PPAR) gamma: a new target for the treatment of inflammatory bowel disease [J]. Gastroentérologie clinique et biologique, 2000 (24): 719 – 724.

[19] EL – SAIDY D M S D, GABER M M. Use of cottonseed meal supplemented with iron for detoxification of gossypol as a replacement of fish meal in Nile tilapia, *Oreochromis niloticus* (L.) diets [J]. Aquaculture research, 2004 (35): 859 – 869.

[20] EL – SAYED A F M. Alternative dietary protein sources for farmed tilapia, *Oreochromis spp*. [J]. Aquaculture, 1999 (179): 149 – 168.

[21] EVELYNE F L, HOSTE M F. Adaptation of exocrine pancreas to dietary proteins: effect of the nature of protein and rat strain on enzyme activities and messenger RNA levels [J]. Journal of nutritional biochemistry, 1994, 5 (2): 84 – 94.

[22] FAO. The state of world fisheries and aquaculture [EB/OL]. http://www.fao.org/3/a-i5555e.pdf, 2016.

[23] FRANCIS G, MAKKAR H P S, KLAUS BECKER K. Antinutritional factors present in plant-derived alternate fish feed ingredients and their effects in fish [J]. Aquaculture, 2001 (199): 197-227.

[24] CARUSO G, GENOVESE L, GRECO S. Effect of two diets on the enzymatic activity of Pagellus (Brunnich 1768) in intensive rearing [J]. European aquaculture society, 1993 (19): 332-342.

[25] GERHARD G S, KAUFFMAN E J, GRUNDY M A. Molecular cloning and sequence analysis of the Danio rerio catalase gene [J]. Comparative biochemistry and physiology part b: biochemistry and molecular biology, 2000, 127 (4): 447-457.

[26] GILROY D W, COLVILLE-NASH P R, WILLIS D et al. Inducible cyclooxygenase may have anti-inflammatory properties [J]. Nature medicine, 1999, 5 (6): 698-701.

[27] HARDY R W. New developments in alternate proteins [J]. Aquaculture magazine, 2004 (30): 56-59.

[28] HERMAN R L. Effects of gossypol on rainbow trout *Salmo gairdneri* Richardson [J]. Journal of fish biology, 1970 (2): 293-297.

[29] HANSEN T S, COMETT C, JAROSZEWSKI J W. Interaction of gossypol with amino acids and peptides as a model of enzyme inhibition [J]. Journal of peptide research, 1989 (34): 306-310.

[30] HASAN M R, MACINTOSH D J, JAUNCEY K. Evaluation of some plant ingredients as dietary protein sources for common carp (*Cyprinus carpio* L.) fry [J]. Aquaculture, 1997 (151): 55-70.

[31] IBERS J A, HOLM R H. Modeling coordination sites in metallobio-molecules [J]. Science, 1980 (209): 223-225.

[32] ISSEMANN I, GREEN S. Activation of a member of the steroid hornone receptor superfamily by peroxisome proliferators [J]. Nature, 1990 (347): 645-650.

[33] JIANG C, TING A T, SEED B et al. PPAR-gamma agonists inhibit pro-

duction of monocyte inflammatory cytokines [J] . Nature, 1998 (391): 82 -86.

[34] JOHNSON P. Antioxidant enzyme expression in health and disease: effects of exercise and hypertension [J]. Comparative biochemistry and physiology part c, 2002 (133): 493 -505.

[35] JONES L A. Resent advances in using cottonseed products [M] // Proceedings of the florida nutrition conference 12 - 13 March 1987, Daytona Beach F L, 1987: 119 -138

[36] KAWAI S, IKEDA S. Effects of dietary changes on the activities of digestive enzymes in carp intestine, Bull. [J] . Science fish, 1972, 38 (3): 265 -269.

[37] KELLY S A, HAVRILLA C M, BRADY T C et al. Oxidative stress in toxicology: established mammalian and emerging piscine model systems [J]. Environmental health perspectives, 1998 (106): 375 -384.

[38] KIM F, KIM H, HAH Y et al. Differential expression of superoxide dismutases containing Ni and Fe/Zn in *Streptomyes coelicolor* [J]. European journal biochemistry, 1996 (241): 178 -185.

[39] KON K, IKEJMA K, HIROSE M et al. Pioglitazone prevents early-phase hepatic fibrogenesis caused by carbon tetrachloride [J]. Biochemical and biophysical research communications, 2002, 291 (1) : 55 -61.

[40] LAPLANTE M, FESTUCCIA W T, SOUCY G et al. Mechanists of the depot specificity of peroxisome proliferator - activated receptor γ action on adipose tissue medatolism [J]. Diabetes, 2006 (55): 2771 -2778.

[41] LEAVERL M J, BOUKOUVALA1 E, ANTONOPOULOU E et al. Three peroxisome proliferator-activated receptor isotypes from each of two species of marine fish [J]. Endocrinology, 2005, 146 (7): 3150 -3155.

[42] LAM S H, WINATA C L, TONG Y et al. Transcriptome kinetics of arsenic-induced adaptive response in zebrafish liver [J]. Physiological genomics, 2006, 27 (3): 351 -361.

[43] LEE K J, DABROWSKI K, BLOM, J H et al. A mixture of cottonseed meal, soybean meal and animal byproduct mixture as a fish meal substitute: growth and tissue gossypol enantiomer in juvenil rainbow trout (*Oncorhynchus mykiss*) [J].

Journal of animal physiology and animal nutrition, 2002 (86): 201 -213.

[44] LI P, ZHU Z X, LU YY et al. Metabolic and cellular plasticity on white adipose tissue II: role of peroxisome proliferator-activated receptor-α [J]. American journal of physiology - endocrinology and metabolism, 2005 (289): 617 -626.

[45] LIANG Y C, TSAI S H, TSAI D C et al. Suppression of inducible cyclooxygenase and nitric oxide synthase through activation of peroxisome proliferator-activated receptor-γ by flavonoids in mouse macrophages [J]. FEBS letters, 2001, 9 (496): 12 -18.

[46] LI H J, JAE H B, WON S E et al. Transduction of human catalase mediated by an HIV-1 tat protein basic domain and arginine-rich peptides into mammalian cells [J]. Free radical biology & medicine, 2001, 31 (11): 1509 -1519.

[47] LIM S J, LEE K J. Partial replacement of fish meal by cottonseed meal and soybean meal with iron and phytase supplementation for parrot fish *Oplegnathus fasciatus* [J]. Aquaculture, 2009 (290): 283 -289.

[48] LIMAYE P V, RAGHURAM N, SIVAKAMI S. Oxidative stress and gene expression of antioxidant enzymes in the renal cortex of streptozotocin - induced diabetic rats [J]. Molecular and cellular biochemistry, 2003 (243): 147 -152.

[49] LIU C H, TSENG M C, CHENG W. Identification and cloning of the antioxidant enzyme, glutathione peroxidase, of white shrimp, *Litopenaeus vannamei*, and its expression following *Vibrio alginolyticus* infection [J]. Fish & shellfish immunology, 2007 (23): 34 -45.

[50] LILLEENG E, FRøYSTAD M K, VEKTERUD K et al. Comparison of intestinal gene expression in Atlantic cod (*Gadus morhua*) fed standard fish meal or soybean meal by means of suppression subtractive hybridization and real-time PCR [J]. Aquaculture, 2007 (267): 269 -283.

[51] LSSEMANN I, GREEN S. Activation of a member of the steroid hormone receptor super family by peroxisome proliferators [J]. Nature, 1990 (347): 645 -650.

[52] MAN M Q, BARISH G D, SCHMUTH M et al. Deficiency of PPAR beta /delta in the epidermis results in defective cutaneous permeability barrier homeostasis and increased inflammation [J]. Journal of investigative dermatology, 2008,

128 (2): 370 -377.

[53] MANABE S. Zone - specific hepatoxicity of gossypol in perfused rat liver [J]. Toxicon, 1991, 29 (6): 787 -790.

[54] MARX N, DUEZ H, FRUCHART J C et al. Peroxisome proliferator - activated receptors and atherogenesis: regulators of gene expression in vascular cells [J]. Circulation research, 2004 (94): 1168 -1178.

[55] MBAHINZIREKI G B, DABROWSKI K, LEE K J et al. Growth, feed utilization and body composition of tilapia (*Oreochromis spp.*) fed with cottonseed meal - based diets in a recirculating system [J]. Aquaculture nutrition, 2001 (7): 189 -200.

[56] MUHLIA - ALMAZAN A, GARCIA CARRENO F L, SANCHEZ PAZ J A. Effects of dietary protein on the activity and mRNA level of trypsin in the midgut gland of the white shrimp *Penaeus vannamei* [J]. Comparative biochemistry and physiology part b: biochemistry and molecular biology, 2003 (135): 373 383.

[57] NAKAMUTA M, KOHJIRUA M, MORLZONO S et al. Evaluation offatty acid metabolism related gene expression in nonalcoholic fatty liver disease [J]. International journal of molecular medicine, 2005, 16 (4): 631 -635.

[58] NAKASHIMA HYAMAOTO M, GOTO K et al. Isolation and characterization of the rat catalase - encoding gene [J]. Gene, 1989, 79 (2): 279 -288.

[59] NAM Y K , CHO Y S , CHOI B N et al. Alteration of antioxidant enzymes at the RNA level during short - term starvation of rockbream oplegnathus fasciatus [J]. Fisheries science, 2005 (71): 1385 -1387.

[60] NEUSCHWANDER - TETRI B A, CALDWELL S H. Nonalcoholic steatohepatitis: summary of an AASLD single topic conference [J]. Hepatology, 2003, 37 (5) : 1202 -1219.

[61] OKU H, UMINO T. Molecular characterization of peroxisome proliferator-activated receptors (PPARs) and their gene expression in the differentiating adipocytes of red sea bream *Pagrus major* [J]. Comparative biochemistry and physiology b, 2008 (151): 268 -277.

[62] PAUL G. The role of PPARs in adipocyte diferentiation [J]. Progress in lipid research, 2001 (40): 269 -281.

[63] QUAN F, KORNELUK R G, TROPAK M B et al. Isolation and characterization ofthe human eatalase gene [J]. Nucleic acids research, 1986, 14 (13): 5321 -5335.

[64] RAWLES, S D, GATLIN D M. Nutrient digestibility of common feedstuffs in extruded diets for sunshine bass *Morone chrysops* ♀ × *M. saxatilis* ♂ [J]. Journal of the world aquaculture society, 2000 (31): 570 -579.

[65] REDDY J K. Nonalcoholic steatosis and steatohepatitis Ⅲ peroxisomal Beta-oxidation, PPAR alpha, and steatohepatitis [J]. The American journal of physiology - gastrointestinal and liver physiology, 2001, 281 (6): 1333 -1339.

[66] REYES - BECERRIL M, SALINAS I, CUESTA A et al. Oral delivery of live yeast *Debaryomyces hansenii* modulates the main innate immune parameters and the expression of immune - relevant genes in the gilthead seabream (*Sparus aurata* L.) [J]. Fish and shellfish immunology, 2008a (25): 731 -739.

[67] REYES J, BENOS D J. Specificity of gossypol uncoupling: a comparative study of liver and spermatogenic cells [J]. Journal of american physiology. (cell physiology. 23), 1988 (254): 571 -576.

[68] RICOTE M, LI A C, WILSON T et al. The peroxisome proliferator-activated receptor-gamma is a negative regulator of macrophage activation [J]. Nature, 1998, 391 (6662): 79 -82.

[69] RINCHARD J, LEE K J, CZESNY S et al. Effect of feeding cottonseed meal-containing diets to broodstock rainbow trout and their impact on the growth of their progenies [J]. Aquaculture, 2003 (227): 77 -87.

[70] RINCHARD J, MBAHINZIREKI G, DABROWSKI K et al. Effects of dietary cottonseed meal protein level on growth, gonad development and plasma sex steroid hormones of tropical fish tilapia *Oreochromis sp* [J]. Aquaculture international, 2002 (10): 11 -28.

[71] ROBINSON E H, BRENT J R. Use of cottonseed meal in channel catfish feeds [J]. Journal of the world aquaculture society, 1989 (20): 250 -255.

[72] ROBINSON E H. Improvement of cottonseed meal protein with supplemental lysine in feeds for channel catfish [J]. Journal of applied aquaculture, 1991 (1): 1 -14.

[73] ROBINSON E H, LI M H. Use of plant proteins in catfish feeds: replacement of soybean meal with cottonseed meal and replacement of fish meal with soybean meal and cottonseed meal [J]. Journal of the world aquaculture society, 1994 (25): 271 -276.

[74] RODR UEZ - CALVO R, SERRANO L, COLL T et al. Activation of peroxisome proliferator-activated receptor β/δ (PPAR β/δ) inhibits LPS-induced cytokine production in adipocytes by lowering $NF_2κB$ activity via ERK1/2 [J]. Diabetes, 2008, 57 (8): 2149 -2157.

[75] ROEHM J N, LEE D J, SINNHUBER R O. Accumulation and elimination of dietary gossypol in the organs of rainbow trout [J]. Journal of nutrition, 1967 (92): 425 -428.

[76] ROYER R E, VANDER JAGT D L. Gossypol binds to a high-affinity binding site on human serum albumin [J]. FEBS letters. , 1983 (157): 28 -30.

[77] RUAN X, ZHENG F, GUAN Y. PPARs and the kidney in metabolic syndrome [J]. American journal of physiology - renal physiology, 2008, 294 (5): 1032 -1047.

[78] SAGSTAD A, SANDEN M, HAUGLAND et al. Evaluation of stress- and immune-response biomarkers in atlantic salmon, *Salmo salar L.* , fed different levels of genetically modified maize (Bt maize), compared with its near-isogenic parental line and a commercial suprex maize [J]. Journal of fish diseases, 2007 (30): 201 -212.

[79] SETO N, HAYASHI S, TENER G M. Cloning, sequence an analysis and chromosomal localization of the Cu-Zn superoxide dismutase gene of Drosophila melanogaster [J]. Gene, 1989, 75 (1): 85 -92.

[80] SHIOMI M, ITO TA, TSUKADA T et al. Combination treatment with troglitazone, an insulin action enhancer, and pravastatin, an inhibitor of HMG - CoA reductase, shows a synergistic effect on atherosclerosis of WHHL rabbits [J]. Atherosclerosis, 1999, 142 (2): 345 -346.

[81] STARKEY T J. Status of fish meal supplies and market demand [R]. Miscellaneous report Baker H J and Bro, Stamford, CT, USA, 1994: 28.

[82] TACON A G J, DOMINY W G. Overview of world aquaculture and

aquafeed production [C]//World Aquaculture'99, 26 April 2 May 1999, Sydney, Australia. World Aquaculture Society, Baton Rouge, LA, 853.

[83] TAKAMURA T, ANDO H, NAGAI Y et al. Pioglitazone prevents mice from multiple low-dose streptozotocin-induced insulitis and diabetes [J]. Diabetes research and clinical practice, 1999 (44): 107 - 114.

[84] TANAKA Y, KAMINUMA T, MOMOSE H et al. Identification of regulation net work of lipod metabolism by nuclear receptors [J]. Genome informatics, 2003 (14): 362 - 363.

[85] TAVARES - SANCHEZ O L, GOMEZ - ANDUM G A, FELIPE - ORTEGA X et al. Catalase from the white shrimp penaeus (litopenaeus) vannamei: molecular cloning and protein detection [J]. Comparative biochemistry and physiology-part b, 2004, 138 (4): 331 - 337.

[86] THIERINGER R, LE GRAND C B, CARBIN L et al. 11 Beta-hydroxysteroid dehydrogenase type 1 is induced in human monocytes upon differentiation to macrophages [J]. Journal of immunology, 2001, 167 (1): 30 - 35.

[87] THISSE C, DEGRAVE A, KRYUKOV G V et al. Spatial and temporal expression patterns of selenoprotein genes during embryogenesis in zebrafish [J]. Gene expression patterns, 2003, 3 (4): 525 - 532.

[88] TOVAR-RAM - REZ D, MAZURAIS D, GATESOUPE J F et al. Dietary probiotic live yeast modulates antioxidant enzyme activities and gene expression of sea bass (*Dicentrarchus labrax*) larvae [J]. Aquaculture, 2010 (300): 142 - 147.

[89] UYS W, HECHT T. Changes in digestive enzyme activities of catfish Claria gariepinus [J]. Aquaculture, 1987 (621): 243 - 250.

[90] VAN DENINGH T S G A M, KROGDAHL A, OLLI J J et al. Effects of soybean-containing diets on the proximal and intestine in Atlantic salmon (*Salmo salar*): a morphological study [J]. Aquaculture, 1991 (94): 297 - 305.

[91] YOUN H D, KIM E J, ROE J H et al. A novel nickel - containing superoxide dismutase from *Streptomyces spp.* [J]. Journal of biochemistry, 1996, 318 (3): 889 - 896.

[92] YILDIRIM M, LIM C, WAN P J et al. Growth performance and im-

mune response of channel catfish (*Ictalurus punctatus*) fed diets containing graded levels of gossypol-acetic acid [J]. Aquaculture, 2003 (219): 751 - 768.

[93] YUE Y R, ZHOU Q C. Effect of replacing soybean meal with cottonseed meal on growth, feed utilization, and hematological indexes for juvenile hybrid tilapia, *Oreochromis niloticus* × *O. aureus* [J]. Aquaculture, 2008 (284): 185 - 189.

[94] ZHOU L. Effect of racemic dextro and levo gossypol on rat testis epididymis liver and kidney [J] . Acta acad med sin, 1988, 10 (6): 442 - 443.